I0066308

Aus dem staatlichen Hygienischen Institut zu Hamburg.

Leitfaden

für die

Chemische Untersuchung

von

Abwasser.

Von

Dr. K. Farnsteiner,

Dr. P. Buttenberg,   Dr. O. Korn,

Chemiker am Hygienischen Institut zu Hamburg.

München und Berlin.

Druck und Verlag von R. Oldenbourg.

1902.

Vorwort.

Die Frage der Beseitigung und der Reinigung städtischer und industrieller Schmutzwässer gewinnt von Jahr zu Jahr an Bedeutung; es ergibt sich hieraus in zahlreichen Fällen die Notwendigkeit, diese Abwässer sowohl in rohem Zustande, als auch nach erfolgter Reinigung einer chemischen Untersuchung zu unterwerfen.

Eine sachgemäfse Untersuchung der Abwässer ist keine leichte Aufgabe. Während die Methoden zur Untersuchung von Trinkwasser als hochentwickelt gelten können und in trefflichen Werken eine zusammenfassende Darstellung und Würdigung erfahren haben, herrscht auf dem Gebiete der Abwasseruntersuchung noch eine gewisse Unsicherheit. Manche für die Untersuchung von reinem Wasser brauchbare und wertvolle Methoden und Reaktionen können, ohne Kritik auf Abwasser angewendet, unrichtige oder geradezu falsche Ergebnisse liefern. Es kommt hinzu, dafs einige Methoden in den Laboratorien der verschiedenen Länder in so abweichender Form ausgeführt werden, dafs die Ergebnisse untereinander gar nicht vergleichbar sind.

In gröfseren Werken, welche als einen besonderen Abschnitt die Untersuchung von Abwasser behandeln, sind die besonderen Schwierigkeiten dieser Untersuchungen meist nur in geringem Grade berücksichtigt, so dafs dem Lernenden auf diesem Gebiet viele Fragen unbeantwortet bleiben.

Auf Anregung des Herrn Direktors des hiesigen staatlichen Hygienischen Institutes, Professor Dr. Dunbar, unternahmen wir es, auf Grund der in unserem Institute gesammelten Erfahrungen die Methoden der Abwasseruntersuchung zu sichten und in kurzer, aber auch dem Fernstehenden verständlicher Form zusammenzufassen. In erster Linie war es unser Ziel, die für normales städtisches Abwasser in Betracht kommenden Verfahren anzuführen, jedoch glaubten wir auch auf die in vielen Orten in reichlichen Mengen produzierten Abwässer aus industriellen Anlagen Rücksicht nehmen zu müssen.

Es lag nicht in unserer Absicht, alle jemals für die Untersuchung von Abwasser vorgeschlagenen Methoden hier anzuführen; wir sind vielmehr von dem Bestreben geleitet gewesen, nur die unserem Ermessen nach zuverlässigsten Verfahren eingehender darzustellen.

Bei allen mitgeteilten Methoden sind wir bemüht gewesen, auf möglicherweise vorhandene Schwierigkeiten und deren Beseitigung hinzuweisen, insbesondere haben wir dabei die häufiger in industriellen Abwässern vorkommenden Stoffe und die dadurch etwa hervorgerufenen Störungen nach Möglichkeit zu berücksichtigen gesucht. Wir sind uns wohl bewußt, daß eine befriedigende Verwirklichung dieses Gedankens kaum möglich ist.

Die Wahl der analytischen Methoden, sowie die Beurteilung der Zuverlässigkeit mancher Verfahren im Hinblick auf störende Substanzen haben wir zu erleichtern gesucht, indem wir dem Werkchen eine übersichtliche Zusammenstellung der in den Abwässern industrieller Anlagen vorkommenden Stoffe beigaben. Als Grundlage hierfür dienten uns besonders die trefflichen Werke von J. König und F. Fischer.

Mit Rücksicht auf die bedeutende englische Litteratur über Abwasser glaubten wir auch einige englische Untersuchungsmethoden den deutschen Fachkreisen näher bringen zu müssen.

Das am Schlusse befindliche Litteraturverzeichnis konnten wir ohne Überschreitung des uns zur Verfügung stehenden Raumes nicht so vollständig gestalten, als es wünschenswert gewesen wäre, jedoch werden die angeführten Werke und Arbeiten im allgemeinen zur Orientierung ausreichen.

Herrn Prof. Dr. Dunbar, welcher uns durch sein freundliches Entgegenkommen in mehrfacher Hinsicht die Herausgabe der vorliegenden Arbeit erleichterte, sagen wir auch an dieser Stelle unseren verbindlichsten Dank.

Hamburg.

Die Verfasser.

Inhaltsverzeichnis.

Bedeutung der Abwasseruntersuchung.

Das ständige Anwachsen der städtischen Bevölkerung und der damit verbundene Aufschwung der Industrie haben zur Folge gehabt, daſs Abwässer in groſsen Mengen und von bedenklicher Beschaffenheit produziert werden. Diese Abwässer enthalten einerseits die Stoffwechsel- und Auswurfprodukte des menschlichen und tierischen Organismus und die Abgänge aus Haushaltungen, anderseits die Abfälle der verschiedensten Industrien, unter welchen giftige Substanzen nicht selten sind. Die direkte Einführung solcher Schmutzwässer in öffentliche Gewässer hat an manchen Punkten zu Zuständen geführt, welche vom sanitären und wirtschaftlichen Standpunkt als unhaltbar betrachtet werden müssen. Seit längerer Zeit ist daher eine lebhafte Bewegung im Gange, welche auf thunlichst weitgehende Reinigung der Abwässer vor ihrer Einleitung in die natürlichen Gewässer hinarbeitet, und es steht bereits eine ganze Reihe verschiedener Verfahren in Anwendung, welche die Reinigung der Abwässer in höherem oder geringerem Grade bewirken.

Einige dieser Verfahren zielen darauf ab, die von den Abwässern mitgeführten bezw. daraus niedergeschlagenen Stoffe teils als Düngemittel, teils für industrielle Zwecke (Fett) zu verwerten.

Die chemische Analyse der Abwässer soll daher die Grundlage für die Beantwortung folgender Hauptfragen bilden:

1. In welchem Grade ist das Abwasser durch Fäkalien, Abgänge aus Haushaltungen etc. oder durch Fabrikabgänge verschmutzt? Welche Schädigungen können durch direktes Einleiten des verschmutzten Wassers in öffentliche Gewässer in sanitärer oder wirtschaftlicher Hinsicht entstehen?

2. Inwieweit hat das angewendete Reinigungsverfahren die Beschaffenheit des Wassers verändert? Kann das gereinigte Wasser ohne Bedenken öffentlichen Gewässern zugeführt werden?

3. Welche Mengen landwirtschaftlich oder industriell verwertbarer Stoffe enthält das Abwasser?

4. Wissenschaftliche Fragen.

1

Örtliche Beschaffenheit.

Ist das Wasser eines offenen Gewässers (Fluſs, Bach, Teich, See) auf Verunreinigungen durch Fäkalien oder industrielle Abgänge zu untersuchen, so wird eine sachgemäſse Berücksichtigung der örtlichen Verhältnisse in vielen Fällen über die Art, den Grad und die Herkunft der Verunreinigungen wesentlichen Aufschluſs geben können. Das gleiche gilt auch von Abwassergruben, -rinnen und -kanälen.

Im allgemeinen ist festzustellen, ob das Wasser steht oder flieſst und ob Zuflüsse in der Nähe vorhanden sind. Ferner ist auf die Beschaffenheit der Ufer und des Grundes, auf Schwimmstoffe, Ablagerungen, Vegetation, Gasentwicklung und dergleichen zu achten.

Unter Umständen äuſsern sich die Verunreinigungen durch Verbreitung eines üblen Geruches, Veränderungen an Steinen und Mörtel, Beeinflussung der Flora und Fauna (Schädigung von Fischbeständen).

Bei industriellen Abwässern wird es vor allem notwendig sein, sich an Ort und Stelle über die Art des Betriebes zu orientieren.

Alle die hier in Betracht kommenden Punkte lassen sich nicht durch allgemein gültige Regeln feststellen, da dieselben je nach Lage des Falles Variationen unterworfen sind.

Entnahme der Proben.

Vorbemerkungen.

a) Das Wasser steht in einem Becken.

Sofern ein Durchmischen des Inhaltes des Beckens möglich ist, stellt die nach erfolgter Mischung entnommene Probe eine Durchschnittsprobe dar.

Ist ein Durchmischen des Inhaltes des Beckens nicht ausführbar, so entnimmt man an verschiedenen Stellen des Beckens, teils an der Oberfläche, teils aus den tieferen Schichten, Proben des Wassers in genügender Zahl und vermischt dieselben. Hat man bei der Entnahme der Einzelproben alle Teile des Beckens nach Möglichkeit berücksichtigt, so wird das Gemisch der Einzelproben bei der Analyse ein annähernd richtiges Bild von der Zusammensetzung des Wassers liefern. Lagern auf dem Grunde des Beckens gröſsere Mengen von Schlamm, so ist nach Abschätzung der Höhe der Schicht eine Probe desselben zu entnehmen (siehe S. 45).

b) Das Wasser fliefst.

Das Vorgehen bei der Entnahme von Proben aus fliefsendem Abwasser muss sich nach dem Zweck richten, den man verfolgt. Von
den zahlreichen in der Praxis möglichen Fällen seien hier nur einige
besonders wichtige näher erörtert.

Ist die Gesamtmenge der aus den Kanälen einer Stadt während
der Dauer eines ganzen Tages abfliefsenden Schmutzstoffe zu bestimmen,
so sind folgende Umstände zu berücksichtigen:

Während der Nachtstunden passiert nur ein verhältnismäfsig
schwacher Strom von mäfsig verschmutztem Wasser die Kanäle; in
den Morgenstunden schwillt dieser Strom erheblich an, gleichzeitig
wächst der mitgeführte Schmutzgehalt. Um die Mittagszeit wird ein
Maximum erreicht hinsichtlich der Menge und des Verschmutzungs-
grades des Abwassers. Gegen Abend hin tritt dann wieder ein Übergang zum Minimum ein.

Hieraus ergibt sich die Notwendigkeit, stündlich oder zweistünd-
lich die Menge des abfliefsenden Wassers zu messen und bei jeder
Messung eine Probe zu entnehmen. Die entnommenen Proben sind
entweder getrennt zu untersuchen und aus den Ergebnissen der Mes-
sungen und der Analysen die Gesamtmenge der Schmutzstoffe zu be-
rechnen, oder man stellt sich eine Durchschnittsprobe her, welche die
einzelnen Proben in dem Verhältnis der abfliefsenden Wassermengen
enthält.

Ist die Wirkung einer Reinigungsanlage zu ermitteln, welcher das
Abwasser beständig zufliefst, während das gereinigte Wasser in gleichem
Mafse abfliefst, so mufs man die Zeit genau festzustellen suchen,
welche das Wasser zum Durchflufs braucht, und Proben des gereinigten
Wassers entsprechend später entnehmen als diejenigen des Rohwassers.
Unter Umständen kann man sich durch Zusatz gewisser Indikatoren,
wie Farbstoffe, Riechstoffe, oder auch durch Feststellung des Chlor-
gehaltes die Gewifsheit verschaffen, dafs das gereinigte Wasser dem
Rohwasser entspricht, mit welchem es verglichen werden soll.

Bei Abwasserreinigungsanlagen mit abwechselnder Füllung und
Entleerung der Becken kann man die Entnahme von Durchschnitts-
proben durch regulierbare, an dem Zu- und Abflufsrohr angebrachte
Hähne bewirken, mittels deren man während der ganzen Dauer der
Füllung und der darauf folgenden Entleerung beständig Wasser in die
zur Aufnahme der Proben bestimmten Gefäfse abfliefsen lassen kann.

Ausführung der Probeentnahme.

Wegen der häufig vorliegenden Infektionsgefahr ist eine Verunreinigung der äufseren Wandungen der Probeflaschen sowie der Hände

nach Möglichkeit zu vermeiden; man bedient sich daher zweckmäfsig zum Schöpfen des Wassers eines aus starkem Blech gefertigten, mit Ausgufs und langem Stiel versehenen Schöpfers von 1—2 l Inhalt. Das Einfüllen des Wassers in die Probeflaschen, welche aus weifsem Glase hergestellt und mit dicht schliefsenden Glasstöpseln versehen sein sollen, geschieht mit Hilfe eines Glastrichters. Zu beachten ist, dafs etwa während des Füllens auf den Boden des Schöpfers niedergesunkene feste Stoffe vollständig in die Flasche gelangen. Falls gröfsere Proben zu entnehmen sind, können auch gewöhnliche Eimer Verwendung finden. Sind Proben aus tieferen Schichten zu entnehmen, so müssen besondere hierfür konstruierte Apparate angewendet werden.

Für die übliche Abwasseruntersuchung reichen 2 l im allgemeinen aus, für eingehendere Untersuchungen sind 4—6 l erforderlich.

Falls der Gehalt an Kohlensäure, Sauerstoff oder Schwefelwasserstoff bestimmt werden soll, sind gesonderte Proben zu entnehmen; die Untersuchungen sind an Ort und Stelle einzuleiten.

Konservierung der Proben.

Die kohlenstoff- und stickstoffhaltigen Bestandteile der Abwässer unterliegen bei der Aufbewahrung der Proben oft schnellen Veränderungen; ist es nicht möglich, die Bestimmung der fraglichen Stoffe unmittelbar nach der Entnahme der Proben zu sichern, so müssen die letzteren konserviert werden. Man filtriert 1—2 l des Wassers durch grofse Faltenfilter und setzt dem Filtrat auf je 1 l 2 ccm 25 proz. Schwefelsäure zu. Diese Probe dient zur Bestimmung der Oxydierbarkeit, der organischen Stickstoffverbindungen, des Ammoniaks und des organischen Kohlenstoffs.

Eine zweite Probe des Wassers von ca. 1—2 l wird ohne vorherige Filtration mit 2 ccm Chloroform[1]) versetzt; dieselbe dient zur Bestimmung des Abdampfrückstandes, der Schwebestoffe, des Glühverlustes, der Salpetersäure, der salpetrigen Säure und des Chlors.

---

[1]) Proskauer und Thiesing, Vierteljahrsschrift f. ger. Medizin etc. 1901, Suppl. S. 225.

Untersuchung des Abwassers im Laboratorium.
Umfang der Untersuchungen.

Der Umfang der Untersuchungen richtet sich nach dem Zweck derselben. Einen genügenden Aufschluſs über die Beschaffenheit des Abwassers erhält man im allgemeinen schon durch folgende Prüfungen:

Grobsinnlich wahrnehmbare Eigenschaften,
Reaktion,
Oxydierbarkeit,
Abdampfrückstand,
Glühverlust,
Suspendierte Stoffe,
Gesamtstickstoff,
Ammoniak,
Salpetrige Säure und Salpetersäure, qualitativ,
Chlor,
Schwefelwasserstoff.

Je nach Bedarf ist die Untersuchung auf die übrigen, im folgenden behandelten Bestimmungen auszudehnen. Kommen Industrieabwässer in Frage, so werden bestimmte charakteristische Stoffe (siehe S. 56) noch speciell nachzuweisen bezw. zu bestimmen sein.

Grobsinnlich wahrnehmbare, äuſsere Eigenschaften.

Zersetzbarkeit, Fäulnisfähigkeit.

Man läſst 2 Proben des nicht konservierten Wassers von ca. $^1/_2 - 2$ l in einem offenen und in einem durch Glasstöpsel fest verschlossenen Cylinder aus farblosem Glase 8—10 Tage bei Zimmertemperatur — 18^0—20^0 C. — im zerstreuten Tageslichte stehen und beobachtet von Zeit zu Zeit die Veränderungen der grobsinnlich wahrnehmbaren, äuſseren Eigenschaften des Wassers.

Unter Umständen kann der Ausschluſs des Lichtes für diese Prüfung erforderlich sein.

Farbe und Klarheit.

Die Bestimmung der Farbe erfolgt einerseits an dem unfiltrierten, durchgeschüttelten Wasser im auffallenden Lichte, sofern die vorhandenen Schwebestoffe bezw. der Bodensatz nach ihrer gleichmäſsigen Verteilung in der Flüssigkeit von Bedeutung für das Aussehen des Wassers sind, anderseits an dem filtrierten Wasser, indem man einen Cylinder von 5 cm lichter Weite aus farblosem Glase mit dem Wasser füllt und denselben gegen ein weißes Blatt Papier im reflektierten Lichte betrachtet.

Bei der Besichtigung des unfiltrierten Wassers stellt man den Grad der Klarheit fest; zweckmäßig wählt man für die Kennzeichnung der Beschaffenheit des Wassers in dieser Hinsicht die Grade: klar, opalisierend, schwach trübe, trübe, stark trübe.

Geruch.

Etwa 50 ccm Abwasser werden in einem weithalsigen Kölbchen nach dem Verkorken kräftig umgeschüttelt; sodann wird der Geruch geprüft. Proben, welche bei gewöhnlicher Temperatur geruchlos sind, werden dieser Prüfung nach vorherigem Erwärmen auf 40—50° C. nochmals unterworfen. Sehr intensive Gerüche lassen sich oft noch analysieren nach entsprechender Verdünnung des Wassers. Der Geruch der Abwässer läßt sich vielfach definieren als: erdig, modrig, kohlartig, faulig, fäkalisch, nach Schwefelwasserstoff.

Proben, welche nach Schwefelwasserstoff riechen, werden nach Zusatz von Kupfersulfatlösung kräftig durchgeschüttelt und von neuem in obiger Weise geprüft.

Bodensatz.

Man bestimmt die Farbe und die Struktur desselben; die letztere kann sein: pulverig, schleimig, flockig, zusammengeballt, körnig u. s. w.

Die eingehendere Untersuchung des Bodensatzes erfolgt nach Seite 45.

Die relative Höhe des Bodensatzes wird bestimmt, indem man einen mit ebenem Boden versehenen, ca. 60 cm hohen Cylinder von 2 cm lichter Weite mit dem gut durchgeschüttelten Wasser bis zu 50 cm Höhe anfüllt und nach 10 Minuten die Höhe des Bodensatzes mißt. Man gibt die Höhe des Bodensatzes an in Millimetern, bezogen auf 1 m Flüssigkeitssäule.

Durchsichtigkeitsgrad.

Das unfiltrierte, gut durchgeschüttelte Abwasser wird in einen mit ebenem Boden versehenen, aus farblosem Glase hergestellten, mit Centimetereinteilung und seitlichem, verschließbaren Bodenabflußrohr ausgestatteten Cylinder gegossen und der letztere über die diesem Leitfaden beigegebene Snellensche Schriftprobe Nr. 1 gehalten. Durch Öffnen des Verschlusses des Abflußrohres läßt man schnell so lange Wasser abfließen, bis man die einzelnen Buchstaben der Leseprobe deutlich zu erkennen vermag. Die Höhe der in dem Cylinder zurückgebliebenen Flüssigkeitsschicht, in Centimetern ausgedrückt, wird als Durchsichtigkeitsgrad des Wassers betrachtet.

Die Ergebnisse der Prüfung der grobsinnlich wahrnehmbaren Eigenschaften der Abwässer geben im allgemeinen schon einen Anhalt bezüglich des Grades der Verschmutzung, des mutmaßlichen Verhaltens des Wassers bei längerer Stagnation und anderer hygienisch und technisch wichtiger Fragen.

Dem Analytiker werden diese Prüfungen nicht selten wertvolle Fingerzeige für den weiteren Gang der Untersuchung liefern. Charakteristische Färbungen, Gerüche, Ablagerungen u. s. w. werden ihm die Gegenwart bestimmter Abwässer aus industriellen Anlagen anzeigen und ihm gewissermaßen eine individuelle Behandlung seines Objektes ermöglichen; der abgeschätzte Grad der Verschmutzung wird es ihm leicht machen, ohne viel zu tasten, die richtigen Quantitäten des Wassers für die nachfolgenden chemischen Prüfungen aufzufinden.

Suspendierte Stoffe.

a) Direkte Bestimmung.

Handelt es sich um ein Wasser, das relativ gut und schnell durchs Filter läuft, so filtriert man 200—500 ccm desselben durch ein bei 100⁰ getrocknetes Filter von bekanntem Gewichte und bekanntem Aschengehalte, wäscht mit destilliertem Wasser mehrmals nach und trocknet das Filter samt Rückstand im Wägeglas im Wassertrockenschranke bis zum konstanten Gewichte. Beim Veraschen des getrockneten Filters bleiben die anorganischen Schwebestoffe zurück.

b) Indirekte Bestimmung.

Bei Wässern, die nicht genügend schnell durch ein kleines Filter laufen oder bei langsamem Filtrieren Veränderungen (neue Ausscheidungen, zuweilen auch Übergang der suspendierten Stoffe in Lösung infolge eintretender Fäulnis) erleiden, wählt man die indirekte Methode zur Bestimmung der Schwebestoffe.

Man filtriert einen Teil des zu untersuchenden Wassers durch ein größeres, trockenes Faltenfilter, das man, um eine Konzentration des Wassers durch Verdunsten zu vermeiden, zudeckt, dampft

   1. von dem ursprünglichen,

   2. von dem filtrierten Wasser

je eine gleiche Menge (200—500 ccm) in Platinschalen zur Trockne ein und wiegt die Rückstände nach dreistündigem Trocknen bei 100⁰. Die so erhaltenen Abdampfrückstände werden dann schwach geglüht und genau so weiter behandelt, wie bei der Bestimmung des Glührückstandes angegeben ist.

Beispiel.

a) Direkte Bestimmung.

500 ccm Abwasser geben   465,0 mg Gesamtschwebestoffe,
nach dem Verbrennen verbleiben 342,0 » anorganische Schwebestoffe,
                                123,0 mg organische   »
Im Liter Abwasser die doppelte Menge.

b) Indirekte Bestimmung.

Abdampfrückstand aus:
500 ccm unfiltr. Wasser 1845,0 mg
   »   » filtr.   »   1264,0 »
                         581,0 mg entspr. 1162,0 mg Gesamtschwebestoffen
                                                    im Liter.
Glührückstand aus:
500 ccm unfiltr. Wasser 1424,0 mg
   »   » filtr.   »   1170,0 »
                         254,0 mg entspr. 508,0 mg anorganischen
                                          654,0 mg organischen
                                          Schwebestoffen im Liter.

Bei den suspendierten Stoffen ist zuweilen aufser der Bestimmung
der Gesamtmenge der anorganischen und organischen Anteile auch die
Feststellung des Gehaltes an Stickstoff und Phosphorsäure erwünscht.
Die Ausführung erfolgt analog wie beim Wasser selbst. Über die Bestimmung des organischen Kohlenstoffes in den suspendierten Stoffen
finden sich auf Seite 31 nähere Angaben. Wesentlich unterstützt
werden diese chemischen Befunde durch die mikroskopische Untersuchung der suspendierten Stoffe, wobei die unter »Anhaltspunkte für
die Untersuchung von Schlammproben« (S. 45) zusammengefafsten
Ausführungen zu berücksichtigen sind.

Nachweis und Bestimmung der in Lösung befind-lichen Bestandteile des Abwassers.

Reaktion.

Streifen von empfindlichem blauen und roten Lackmuspapier werden
5 Minuten hindurch in das zu untersuchende Wasser eingetaucht.

Acidität, Alkalinität.

Ist nach dem Ausfall der obigen qualitativen Prüfung die Gegenwart abnorm hoher Mengen von freier Säure oder freiem bezw. kohlensaurem Alkali zu erwarten, so wird die Acidität bestimmt, indem

man 100—200 ccm Wasser bis zum beginnenden Sieden erhitzt und
nach Zusatz von Azolythmin mit $^1/_{10}$ Normallauge titriert. Die
Alkalinität wird bestimmt, indem man 100—200 ccm Wasser mit
einem Überschuß von $^1/_{10}$ Normalschwefelsäure bis zum beginnenden
Sieden erhitzt und nach Zusatz von Azolythmin mit $^1/_{10}$ Normallauge
zurücktitriert.

Acidität uhd Alkalinität werden ausgedrückt in Kubikcentimetern
Normalflüssigkeit, bezogen auf 1 l Wasser.

Zu beachten ist, daß die so gefundenen Werte nur einen un-
gefähren Anhalt für das Maß der Verunreinigung durch saure oder
alkalische Abwässer liefern können, da Fällungen von Phosphaten und
Hydroxyden sowie andere, im einzelnen nicht näher vorherzusagende
Umstände das Ergebnis beeinflussen. Hinsichtlich der Alkalinität ist
zu berücksichtigen, daß auch reines Wasser in der Regel infolge seines
Gehaltes an Karbonaten eine gewisse Alkalinität aufweisen wird. Ist
die Alkalinität durch freies Ammoniak mitbedingt, so bestimmt man
dasselbe im Destillat.

Oxydierbarkeit.

Diese Bestimmung hat den Zweck, einen Ausdruck für den Gehalt
des Wassers an organischen Substanzen zu gewinnen, welche unter
bestimmten Bedingungen durch Kaliumpermanganat oxydierbar sind.
Es wird in hohem Maße von der Natur der anwesenden Stoffe ab-
hängen, wie weit die letzteren unter den eingehaltenen Bedingungen
der Oxydation abgebaut werden; eine vollständige Oxydation wird nur
bei wenigen Körpern zu erwarten sein. Ein absolutes Maß für den
Gehalt des Wassers an organischer Substanz kann daher die Oxydierbarkeitsbestimmung nicht liefern; da jedoch die Art der Verunreinigung
in den hauptsächlich in Frage kommenden städtischen Abwässern in
der Regel die gleiche ist, so werden die zur Oxydation verbrauchten
Permanganatmengen wenigstens vergleichbare relative Werte für den
Grad der Verunreinigung dieser Abwässer darstellen.

Kommen Abwässer aus industriellen Anlagen in Frage, welche
leicht oxydierbare Körper, wie Eisenoxydulsalze, Nitrite, Sulfide, Sulfite, Sulfocyanide, Gerbstoff etc., oder oxydierende Verbindungen, wie
Hypochlorite, Chlorate, Chromate etc. enthalten, so wird der Analytiker
zu prüfen haben, inwieweit diese Stoffe seine Befunde zu beeinflussen
im stande waren.

Von den im folgenden angeführten, zur Bestimmung der Oxydierbarkeit ausgearbeiteten Methoden dürfte die von Kubel in Deutschland
die weiteste Verbreitung gefunden haben, dieselbe wird auch im
hiesigen Hygienischen Institut vorzugsweise — neben dem Vierstunden-
Test — angewendet. In England steht der »Three Minutes Test« und

der »Four Hours' Test« bezw. der »Incubator Test« im Vordergrunde. Wir beschreiben auch diese Methoden, um dem deutschen Chemiker die Beurteilung der in der englischen Litteratur sich findenden Angaben über den Sauerstoffverbrauch der Abwässer zu ermöglichen.

Methode von Kubel.

10 ccm Abwasser werden in einem durch Auskochen mit Kaliumpermanganatlösung gereinigten Erlenmeyerkolben von 450 ccm Inhalt mit 90 ccm destillierten, auf seine Brauchbarkeit geprüften Wassers, 5 ccm verdünnter Schwefelsäure (3 Raumt. Wasser $+$ 1 Rt. H_2SO_4) und einer kleinen Menge Bimssteinsand bis zum Sieden erhitzt und sofort mit 15 ccm einer etwa $1/100$ normalen Kaliumpermanganatlösung versetzt. Nach Wiedereintritt des Siedens läfst man die Flüssigkeit ruhig und gleichmäfsig lebhaft genau 10 Minuten kochen, setzt dann 15 ccm $1/100$ Normal-Oxalsäure hinzu und titriert in der heifsen, farblosen Lösung die überschüssige Oxalsäure mit der genannten Permanganatlösung zurück bis zur bleibenden schwachen Rosafärbung.

In gleicher Weise wird der Titer der Permanganatlösung festgestellt, indem statt der Abwasserverdünnung reines destilliertes Wasser angewendet wird.

Die Oxydierbarkeit wird ausgedrückt in Milligrammen Kaliumpermanganat, welche 1 l des Abwassers unter den obigen Bedingungen zur Oxydation der gelösten organischen Substanzen verbraucht.

Bei sehr stark verunreinigten Abwässern kann die zehnfache Verdünnung mehr als 15 ccm Permanganatlösung zur Oxydation erfordern; in diesem Falle tritt während des Kochens eine braunrote Ausscheidung bezw. völlige Entfärbung der Flüssigkeit ein. Der Versuch ist dann mit einer Verdünnung von 5 ccm Abwasser mit 95 ccm destillierten Wassers oder mit noch stärkerer Verdünnung zu wiederholen. Der Versuch ist normal verlaufen, sobald nicht mehr als 12 und nicht weniger als 3 ccm der Permanganatlösung verbraucht wurden.

Das zur Oxydierbarkeitsbestimmung zu verwendende destillierte Wasser ist brauchbar, wenn bei Gegenwart von 5 ccm verdünnter Schwefelsäure bei 10 Minuten langem Kochen von 100 ccm desselben mit 0,1 ccm der Permanganatlösung die rote Farbe bestehen bleibt.

Für die Ausführung von Massenuntersuchungen empfiehlt es sich, die Permanganat- und die Oxalsäurelösung in der unten abgebildeten Weise bereit zu halten.

Eine dreihalsige Woulffsche Flasche von 2 l Inhalt ist durch eine mit Hahn versehene, rechtwinklig gebogene und mittels durchbohrten Gummistopfens durch den mittleren Hals bis zum Boden der Flasche geführte Glasröhre b mit der seitlichen Ansatzröhre der Bürette verbunden. Der Hals a ist mit einer kurzen, mit Hahn versehenen

geraden Glasröhre ausgestattet, welche kurz unter dem Stopfen ab-
geschnitten ist. Der Hals *c* trägt in gleicher Weise eine kurze gebogene
Glasröhre ohne Hahn, die mit einem Doppelgebläse aus Patentgummi
verbunden ist. Die Woulffsche Flasche dient zur Aufbewahrung der
Normallösung (s. Fig. 1).

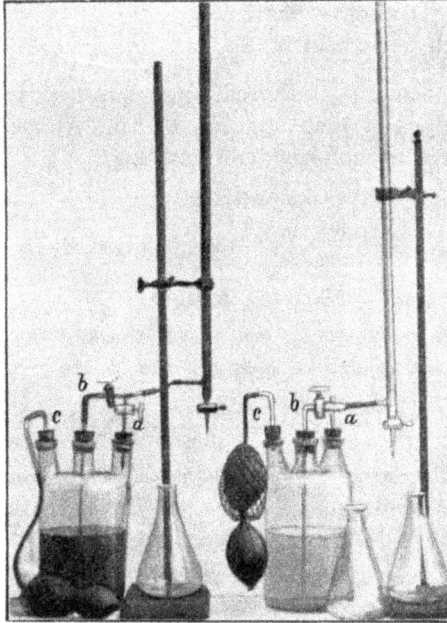

Fig. 1.

Der Hahn bei *a* wird geschlossen, der bei *b* geöffnet und durch
das Gebläse die Flüssigkeit in die Bürette gehoben. Ist diese gefüllt,
so schließt man den Hahn *b*, öffnet *a* und nimmt durch den Hahn
der Bürette die genaue Einstellung vor. Den in der Bürette zum
Schluß verbleibenden Rest läßt man durch den Hahn *b* in die
Woulffsche Flasche zurücktreten.

Beispiel für die Berechnung.

Titerstellung: 100 ccm destilliertes Wasser mit 5 ccm verdünnter Schwefelsäure und etwas Bimssteinsand zum Sieden erhitzt,
nach Zusatz von 13 ccm Permanganatlösung 10 Minuten gekocht und
mit 15 ccm $^1/_{100}$ Normal-Oxalsäure entfärbt. Zum Zurücktitrieren bis
zur Rosafärbung weiter verbraucht: 2,8 ccm Kaliumpermanganatlösung.

Titer: 15 ccm $^1/_{100}$ Oxalsäure = 13,0 + 2,8 = 15;8 ccm Permanganatlösung.

Versuch: 10 ccm Abwasser mit 90 ccm destillierten Wassers verdünnt, wurden, wie oben angegeben, mit 15 ccm Permanganatlösung behandelt; nach Zusatz von 15 ccm $^1/_{100}$ Oxalsäure wurden 4,3 ccm Permanganatlösung verbraucht.

Zugesetzt $15 + 4,3 = 19,3$ ccm Permanganatlösung.

Abzuziehen

15 ccm $^1/_{100}$ Oxalsäure $= 15,8$ »   »
Demnach verbraucht $= 3,5$ »   »

Da nun 1 ccm $^1/_{100}$ Normal - Permanganatlösung $= 0,316$ mg $KMnO_4$ ist, so ergibt sich die für 10 ccm Abwasser verbrauchte Permanganatmenge nach folgender Gleichung:

$$15,8 : 15,0 = 3,5 : x\,0,316$$
$$x = \frac{15,0 \cdot 3,5 \cdot 0,316}{15,8} = 1,05 \text{ mg } KMnO_4$$

oder für 1 l Abwasser $= 105,0$ mg $KMnO_4$.

Bleibt bei der Bestimmung der Oxydierbarkeit der Titer z. B. 15,8 konstant, so kehren in der Berechnung die Werte:

$$\frac{15,0 \cdot 0,316}{15,8} = \frac{4,74}{15,8} = 0,3000$$

immer wieder. Der so gefundene Faktor (0,3000) gibt daher die bei Anwendung einer Permanganatlösung vom Titer 15,8 für je 1 ccm derselben entsprechende Menge $KMnO_4$ in mg an.

Auf Grund dieser Erwägungen sind im Anhange (siehe S. 63) die für je 1—9 ccm Permanganatlösung vom Titer 14,0—15,9 berechneten Milligramm $KMnO_4$ tabellarisch zusammengestellt.

Soll die Oxydierbarkeit nicht als Permanganat, sondern als Sauerstoff angegeben werden, so kann die entsprechende Umrechnung (0,316 mg $KMnO_4 = 0,08$ mg O also rund $^1/_4$) mit Hilfe der Tabelle Nr. 6 S. 63 vorgenommen werden.

Methode von Schulze.

In der Regel werden 5 resp. 10 ccm des filtrierten Abwassers in einem 450 ccm fassenden Erlenmeyerkolben mit 95 resp. 90 ccm destillierten Wassers, 0,5 ccm Natronlauge $(1 + 1)$ und einer Spur (5 mg) Bimssteinsand versetzt, 15 ccm der etwa $^1/_{100}$ normalen Kaliumpermanganatlösung zugefügt und zum Kochen erhitzt. Nach 10 Minuten langem Sieden läfst man die Flüssigkeit auf 60^0 erkalten, worauf man 5 ccm Schwefelsäure $(1 + 3)$ und 15 ccm $^n/_{100}$ Oxalsäurelösung zusetzt. Nachdem die Flüssigkeit vollkommen klar und farblos geworden ist, wird noch heifs mit Kaliumpermanganatlösung bis zur bleibenden schwachen Rosafärbung titriert. Die Berechnung geschieht in derselben Weise wie bei der Kubelschen Methode.

Four Hours' Test (Vierstundenprobe).

Nach Fowler: ›Sewage Works Analyses‹.

70 ccm der zu untersuchenden Probe (mehr, wenn sie sehr wenig oxydierbare Substanz enthält, weniger, wenn sie sehr viel enthält) setzt man mit 10 ccm Schwefelsäure (1 Teil Säure zu 3 Teilen Wasser) und 50 ccm Kaliumpermanganatlösung (10 ccm = 1 mg Sauerstoff) an und läßt die Mischung 4 Stunden in einer verschlossenen Flasche stehen. Enthält die Probe oxydierbare suspendierte Stoffe, so schüttelt man von Zeit zu Zeit um.

Falls die Permanganatlösung vor Ablauf von 4 Stunden merklich blasser wird, so wird eine zweite und, wenn nötig, eine dritte Quantität Säure und Permanganatlösung hinzugefügt. Nach Ablauf der 4 Stunden setzt man einige Tropfen Jodkaliumlösung (10%) hinzu. Die Menge des in Freiheit gesetzten Jodes wird erhalten durch Titration mit einer Lösung von Natriumthiosulfat (1 ccm = 2 ccm Permanganatlösung); hieraus ergibt sich die unverbrauchte Permanganat-menge, aus welcher die absorbierte Sauerstoffmenge berechnet wird.

Die Stärke der Thiosulfatlösung in Bezug auf die Permanganat-lösung wird vor jeder Versuchsreihe durch einen blinden Versuch mit 70 ccm destillierten Wassers, 10 ccm Säure und 50 ccm Permanganat bestimmt. Diese Thiosulfatlösung (ca. 7 g Salz in 1 l) wird so eingestellt, daß 25 ccm = 50 ccm $KMnO_4$.

Die Kaliumpermanganatlösung wird täglich frisch hergestellt durch Auflösen von 0,395 g des reinen kristallisierten Salzes in 1 l Wasser, welches sehr schwach mit Permanganatlösung gefärbt ist, um etwaige Verunreinigungen des Wassers zu oxydieren.

Three Minutes' Test (Dreiminutenprobe).

Die Bestimmung erfolgt wie beim Four Hours' Test, nur daß die Einwirkungsdauer des Permanganates auf 3 Minuten beschränkt wird.

Incubator Test (Bebrütungsprobe).

Das Wesen dieser Untersuchungsmethode ergibt sich aus der folgenden Beschreibung, welche dieselbe in dem 1899 erstatteten Bericht der zur Prüfung der Abwasserverhältnisse Manchesters niedergesetzten Kommission erfahren hat. Diese Beschreibung lautet in wörtlicher Übersetzung:

»Zuerst wird eine Bestimmung des dem Permanganat durch die Probe in 3 Minuten entzogenen Sauerstoffs ausgeführt. Hierauf wird eine Flasche vollständig mit der Probe gefüllt, sie wird verschlossen und 6 oder 7 Tage bei 80° F. im Brutschrank gehalten. Dann wird die in 3 Minuten bewirkte Sauerstoffabsorption wieder bestimmt. Falls Fäulnis stattgefunden hat, wird die in 3 Minuten bewirkte Sauerstoff-absorption infolge der leichteren Oxydierbarkeit der Fäulnisprodukte, wie Schwefelwasserstoff etc., eine entschiedene Vermehrung aufweisen. Bleibt die Probe anderseits frisch, so bleibt die in 3 Minuten bewirkte Sauerstoffabsorption nach der Bebrütung praktisch unverändert, oder es wird eine geringe Abnahme der in 3 Minuten bewirkten Absorption nach der Bebrütung vorhanden sein infolge der geringen Oxydation der Verunreinigungen während der Bebrütungsperiode auf Kosten der Nitrate oder der gelösten, in der Probe vorhandenen Luft.‹

Die Ausführung und Berechnung geschieht wie bei dem Three Minutes' Test.

Methode von Tidy.

Die Tidysche Methode ist dem oben beschriebenen Incubator Test ähnlich. Man läfst die Kaliumpermanganatlösung bei gewöhnlicher Temperatur 2 resp. 3 Stunden auf das angesäuerte Abwasser einwirken und bestimmt das unzersetzt gebliebene Kaliumpermanganat, indem man Jodkalium in die Lösung bringt und das in Freiheit gesetzte Jod mit Natriumthiosulfat titriert.

Die Berechnung erfolgt wie beim Four Hours' Test.

Bemerkungen zu den Methoden der Oxydierbarkeits-bestimmung.

Es ist bekannt, dafs die Bestimmung der Oxydierbarkeit nach Kubel und nach Schulze im Trinkwasser nur wenig voneinander ab-weichende Werte liefert. Zu ähnlichen Resultaten gelangten auch wir bei der Anwendung dieser Methoden bei der Untersuchung identischer Abwässer.

Untersuchungen über die bei Anwendung der englischen Methoden im Vergleich mit den nach Kubel erhaltenen Zahlenwerten liegen bis-lang nicht vor. Wir teilen daher in folgender Tabelle einige Beispiele aus einer gröfseren Anzahl derartiger im hiesigen Hygienischen In-stitut[1]) ausgeführten Analysen mit:

---

[1]) Entnommen aus einer in Vorbereitung begriffenen Arbeit von Dun-bar und Kattein.

Tabelle Nr. 1.

Vergleichende Untersuchungen über den Kaliumpermanganatverbrauch nach deutschen und englischen Methoden.

Milligramm Kaliumpermanganat pro Liter.

Art des Abwassers	Oxydierbarkeit nach Kubel		Vierstundentest im unfiltrierten Wasser	Dreiminutentest im unfiltrierten Wasser	
	im filtrierten Wasser	im unfiltrierten Wasser		vor dem Bebrüten	nach 6 täg. Bebrüten bei 26,6° C.
Rohwasser	234,0	252,0	251,9	155,2	170,6
»	320,4	373,9	236,1	117,5	129,9
»	400,6	587,5	402,1	159,2	215,8
»	547,4	834,5	487,4	257,5	227,6
Gereinigtes Abwasser	69,0	72,0	37,8	19,75	15,25
» »	39,0	39,0	22,0	8,45	31,63
» »	103,9	123,5	28,2	10,2	5,65
» »	103,5	100,1	23,2	18,6	7,34

Abdampfrückstand.

Man mißt 200 ccm filtrierten Abwassers in einem Meßkolben ab und dampft dieselben in einer vorher ausgeglühten, nach dem Erkalten im Exsiccator gewogenen Platinschale von ca. 8 cm Durchmesser auf dem Wasserbade zur Trockne ab. Die Schale mit dem Rückstand wird im Wassertrockenschrank bei etwa 100° 3 Stunden getrocknet. Nach dem Erkalten im Exsiccator wird die Schale mit dem Rückstand schnell gewogen. Die Gewichtszunahme der Schale gibt die Menge des in 200 ccm enthaltenen Abdampfrückstandes an; das Fünffache dieser Zahl, ausgedrückt in Milligrammen, stellt den Abdampfrückstand in 1 l Abwasser dar.

Der auf diese Weise ermittelte Abdampfrückstand enthält die in dem Wasser ursprünglich gelösten anorganischen Salze, wie besonders Sulfate, Karbonate, Phosphate, Chloride, Nitrate, denen jedoch noch zum Teil das Kristallwasser anhaftet, welches bei 100° C. nicht auszutreiben ist (Gips, Chlorcalcium, Chlormagnesium etc.). Ferner enthält der Rückstand die bei 100° nicht flüchtigen organischen Bestandteile des Wassers, wie Stickstoffverbindungen (Abbauprodukte der Eiweißkörper, Ammoniaksalze), Kohlehydrate und sonstige teils bekannte, bestimmten Industrien entstammende organische Stoffe, teils Substanzen unbekannter Natur.

Da viele der in Frage kommenden organischen Stoffe zum Teil schon bei längerem Trocknen bei 100⁰, in noch höherem Maſse jedoch bei der in der Trinkwasseranalyse gebräuchlichen Temperatur von 180⁰ C. weitgehenden Zersetzungen anheimfallen, so ist ein längeres Trocknen bei höheren Temperaturen nicht zulässig.

Glühverlust, Glührückstand.

Die den Abdampfrückstand enthaltende Schale wird über dem Pilz-brenner bei möglichst niedriger Temperatur erhitzt, bis vollständige Verkohlung des Rückstandes eingetreten ist und Rauchbildung nicht mehr stattfindet. Während des Verkohlens ist auf specifische Gerüche, z. B. nach brennendem Horn, Karamel etc., zu achten.

Man bedekt sodann die Schale lose mit einem passenden Deckel aus Platinblech, steigert die Temperatur so weit, daſs eben ein schwaches Glühen des Bodens der Schale zu bemerken ist, und erhitzt auf diese Weise den Rückstand unter zeitweiligem Lüften des Deckels längere Zeit. Die Temperatur darf hierbei nicht bis zum Schmelzen der Salze oder bis zur Bildung eines Beschlages an der unteren Seite des Deckels gesteigert werden. Erkennt man, daſs der Verbrennungsprozeſs bei dieser Behandlung schnell fortschreitet, so erhitzt man den Rückstand bis zur vollständigen Verbrennung der Kohle. Ist dagegen ein schneller Fortschritt trotz längerer Behandlung nicht wahrzunehmen, so setzt man zu dem Inhalt der Schale nach dem Erkalten 10—20 ccm heiſsen Wassers, erwärmt einige Zeit auf dem Wasserbade unter Umrühren mit einem Glasstabe, filtriert durch ein kleines Filter von bekanntem niedrigen Aschegehalt und wäscht den Rückstand mit heiſsem Wasser gut aus. Hierauf verascht man das Filter in der Platinschale bei mög-lichst niederer Temperatur vollständig, gieſst die filtrierte Lösung in die Schale zurück und verdampft zur Trockne. Der auf diese Weise oder durch direktes Veraschen erhaltene Rückstand wird mit Wasser durchfeuchtet, mit einem Glasstabe zu einem feinen Brei angerieben und mit ca. 5 ccm Wasser, welches mit Kohlensäure gesättigt ist, über-gossen. Man läſst unter häufigerem Umrühren etwa 10 Minuten stehen, verdampft zur Trockne und erhitzt nach Auflegen des Deckels über dem Pilzbrenner anfangs sehr gelinde, später etwas stärker. Eine eben erkennbare Dunkelrotglut am Boden der Schale darf nicht überschritten werden. Nach dem Erkalten der Schale im Exsiccator wird dieselbe mit dem Rückstande gewogen. Die Behandlung mit kohlensäurehaltigem Wasser wird wiederholt ausgeführt, bis eine Ge-wichtsveränderung dadurch nicht mehr bewirkt wird. Die Differenz zwischen dem Gewichte des Abdampfrückstandes und des nach dem Glühen erhaltenen Rückstandes — des Glührückstandes — ist der Glühverlust.

Beispiel.

200 ccm Abwasser eingedampft, getrocknet, geglüht. Erhalten:

		aus 200 ccm	aus 1 l
1. Schale + Abdampfrückstand . .		20,6169 g	
2. » + Glührückstand . . .		20,5843 »	
3. » leer		20,4365 »	
Abdampfrückstand (aus 1—3)		0,1804 g	902 mg
Glührückstand (aus 2—3)		0,1478 »	739 »
Glühverlust (aus 1—2)		0,0326 »	163 »

Durch das Glühen des Abdampfrückstandes gehen im wesentlichen folgende Veränderungen desselben vor sich. Das noch vorhandene Kristallwasser wird gänzlich ausgetrieben, alle organischen Stoffe werden zerstört, die Salze organischer Säuren verwandeln sich in Karbonate; Ammoniaksalze verflüchtigen sich. Nitrate und Nitrite gehen ganz oder teilweise in Karbonate über, verhältnismäfsig geringere Anteile der gebundenen Chlorwasserstoffsäure und der Schwefelsäure werden infolge komplizierterer Vorgänge verflüchtigt. Die an alkalische Erden gebundene Kohlensäure wird zwar zum Teil ausgetrieben, jedoch durch die Behandlung mit kohlensäurehaltigem Wasser wieder ersetzt.

Der gefundene Glühverlust stellt somit nur einen annähernden Ausdruck für den Gehalt des Abdampfrückstandes an organischen Bestandteilen dar.

Enthielt das Abwasser freie Mineralsäure oder andere energisch wirkende Agentien in erheblichen Mengen, so können ganz unberechenbare Umwandlungen des Abdampf- und Glührückstandes eintreten, so dafs deren Feststellung zwecklos wird.

Stickstoff.

Der Gehalt der Abwässer an Stickstoffverbindungen bildet einen wertvollen Mafsstab für die Verunreinigung der Abwässer durch fäulnisfähige, stickstoffhaltige Abfälle des menschlichen Haushaltes und Fäkalien. Unter den zahlreichen Verbindungsformen, in welchen der Stickstoff in den Abwässern vorkommen kann, lassen sich folgende gröfsere Gruppen voneinander unterscheiden und annnähernd bestimmen:

1. Organische Stickstoffverbindungen; dieselben bestehen zu einem gewissen Anteil aus Verbindungen, welche beim Erhitzen mit alkalischer Kaliumpermanganatlösung unter bestimmten Bedingungen Ammoniak (Albuminoidammoniak) liefern.

2. Ammoniakverbindungen.

3. Salpetersaure und salpetrigsaure Salze.

2

Wir betrachten es nicht als unsere Aufgabe, alle für die Ausführung dieser Bestimmungen vorgeschlagenen Methoden hier anzuführen, wir beschränken uns vielmehr auf die Wiedergabe einiger bekannter in der Praxis erprobter Methoden.

Gesamtstickstoff.
Nach Kjeldahl (Jodlbauer [1]).

250 ccm Abwasser werden nach Zusatz von 25 ccm Phenolschwefelsäure (enthaltend 1 g Phenol) und einer kleinen Menge (ca. 0,1 g) Bimssteinsand in einem Rundkolben aus Jenaer Glas von ca. 700 ccm Inhalt auf freier Flamme eingekocht, bis die Schwefelsäure fast wasserfrei geworden ist. Nach dem Abkühlen fügt man unter Umschwenken ca. 2,5 g Zinkstaub und ca. 0,1 g Kupferoxyd hinzu und kocht bis die Flüssigkeit hellgrün geworden ist. Nach dem Erkalten verdünnt man mit 150 ccm Wasser, kühlt ab, übersättigt mit 100 ccm Natronlauge (enthaltend 40 % Na OH), setzt noch schnell ca. 1 g grobe Zinkfeile hinzu und schließt sofort den Kolben an den bereits für die Destillation hergerichteten Apparat an; das Kühlrohr des letzteren taucht man durch Vermittelung eines dicht anschließenden Vorstoßes in einen 20—50 ccm $^1/_{10}$ Normal-Schwefelsäure enthaltenden größeren Erlenmeyerkolben. Man destilliert etwa die Hälfte der Flüssigkeit ab, hebt sodann ohne Unterbrechung der Destillation die Spitze des Rohres aus der Flüssigkeit heraus und stellt die Flamme ab. Nach dem Abspülen des Vorstoßes setzt man dem Destillat 2 ccm Kongorot hinzu und titriert die vorhandene überschüssige Säure mit $^1/_{10}$ Normal-Lauge zurück.

In ähnlicher Weise ist ein blinder Versuch mit 25 ccm Phenolschwefelsäure und ca. 0,1 g reinstem Zucker auszuführen.

Beispiel für die Berechnung.

1. Blinder Versuch: Vorgelegt   10,0 ccm $^1/_{10}$ N.-Schwefelsäure,
                      Zurücktitriert 9,7   » $^1/_{10}$ » -Natronlauge,
                      Verbraucht   0,3 ccm $^1/_{10}$ N.-Schwefelsäure.

2. 250 ccm Abwasser in obiger Weise behandelt:
                      Vorgelegt   20,0 ccm $^1/_{10}$ N.-Schwefelsäure,
                      Zurücktitriert 8,2   » $^1/_{10}$ » -Natronlauge,
                      Verbraucht 11,8 ccm $^1/_{10}$ N.-Schwefelsäure.

Abzuziehen:
Verbrauch beim blinden Versuch 0,3   » $^1/_{10}$ »

                      Korrigierter Wert 11,5 ccm $^1/_{10}$ N.-Schwefelsäure
für 250 ccm Wasser.

1 ccm $^1/_{10}$ Normal-Schwefelsäure entspricht 1,4 mg Stickstoff.

1 l Wasser enthält demnach $11,5 \times 4 \times 1,4 = 64,4$ mg Stickstoff.

---

[1] Z. f. anal. Ch. XXVI. 1887, S. 92.

Nach Kjeldahl (Ulsch, Proskauer und Zülzer[1]).

250 ccm Abwasser werden in einem 700 ccm fassenden Rundkolben aus Jenaer Glas mit 5 ccm verdünnter Schwefelsäure, 2,5 g
Zinkstaub und 1 Tropfen Platinchloridlösung (1 + 9) versetzt und auf
freier Flamme, event. auf einem Drahtnetz auf ca. 50 ccm eingedampft. Nach dem Abkühlen werden 20 ccm konzentrierte Schwefelsäure, eine kleine Messerspitze voll (etwa 0,1 g) Kupferoxyd und
4 Tropfen Platinchloridlösung zugefügt und so lange erhitzt, bis die
Flüssigkeit farblos resp. hellgrün geworden ist. Durch Einhängen eines
Trichters oder einer kleinen Glasbirne in den Hals des Kolbens werden Verluste vermieden. Der weitere Verlauf der Bestimmung ist
genau derselbe wie bei der Gesamtstickstoff-Bestimmungsmethode nach
Jodlbauer.

Organischer Stickstoff zusammen mit Ammoniakstickstoff.

Nach Kjeldahl, Entfernung des Salpeterstickstoffs nach Ulsch.

250 ccm des filtrierten Abwassers werden in einem 700 ccm fassenden Rundkolben aus Jenaer Glas mit 5 ccm verdünnter Schwefelsäure, etwa 0,5 g Natriumbisulfit und 5 Tropfen Eisenchloridlösung (1 + 9)
versetzt und auf ca. 50 ccm eingedampft. Nach dem Erkalten werden
20 ccm konzentrierte Schwefelsäure, 0,1 g Kupferoxyd und 5 Tropfen
Platinchloridlösung (1 + 9) zugefügt. Darauf wird so lange erhitzt, bis
die Flüssigkeit hellgrün geworden ist. Das weitere Verfahren ist dasselbe wie bei der vorher beschriebenen Methode.

Organischer Stickstoff.
Berechnung.

Zieht man von dem nach obiger Methode direkt ermittelten
Gehalt an organischem und Ammoniakstickstoff den nach S. 20 und 21
gefundenen Gehalt an Ammoniakstickstoff ab, so erhält man den
»Organischer Stickstoff«.

Albuminoid-Ammoniak.

Nach Wanklyn, Chapman und Smith.

250 ccm filtriertes Abwasser werden in einem 600—700 ccm fassenden Rundkolben aus Jenaer Glas mit ca. 1 g frisch ausgeglühter
Magnesia (MgO) versetzt und wie bei der Gesamtstickstoffbestimmung
der Destillation unterworfen; das Destillat — 100 ccm — wird in
20 ccm $^1/_{10}$ N.-Schwefelsäure aufgefangen, der Überschuß an Säure
wird zur Bestimmung des Ammoniaks mit $^1/_{10}$ Normal-Natronlauge
zurücktitriert (Ammoniakbestimmung).

---

[1] Zeitschr. f. Hygiene, Bd. VII. 1889, S. 216.

Nach dem Erkalten des Kolbeninhaltes setzt man ca. 5 g festes Kaliumpermanganat, 50 ccm Natronlauge von 30 % NaOH und 100 ccm Wasser zu und destilliert 100 ccm ab. Das Destillat wird, wie oben, in 20 ccm $^1/_{10}$ N.-Schwefelsäure aufgefangen und mit $^1/_{10}$ N.-Natronlauge titriert.

Beispiel für die Berechnung.

250 ccm Abwasser wie oben behandelt.

Das nach Zusatz von Kaliumpermanganat erhaltene Destillat wurde in 20 ccm $^1/_{10}$ N.-Schwefelsäure aufgefangen.

Zurücktitriert 15,5 ccm $^1/_{10}$ N.-Natronlauge; verbraucht 4,5 ccm $^1/_{10}$ N.-Schwefelsäure für 250 ccm Wasser.

Da 1 ccm $^1/_{10}$ N.-Schwefelsäure = 1,4 mg Stickstoff
$$\text{oder} = 1,7 \text{ » Ammoniak,}$$
so enthält das Wasser in 1 l

$1,4 \times 4 \times 4,5 = 25,2$ mg Stickstoff in Form von Albuminoidammoniak
oder $1,7 \times 4 \times 4,5 = 30,6$ mg Albuminoidammoniak.

Ammoniak.

Kolorimetrisch (Nefsler, Frankland, Armstrong).

200 ccm des filtrierten Abwassers werden mit 4 ccm Soda-Natronlauge (s. Lösungen) in einem mit Glasstopfen dicht verschliefsbaren Cylinder von ca. 200 ccm Inhalt gemischt. Bei Gegenwart von Schwefelwasserstoff setzt man einige Tropfen Zinkacetatlösung (10 %) hinzu.

Nach mehrstündigem Stehen unter zeitweiliger Durchmischung der Flüssigkeit hat sich die letztere geklärt und ist nunmehr zu dem Vorversuch (a) und dem Hauptversuch (b) verwendbar.

a) Vorversuch. 0,5 ccm des geklärten Wassers werden in einem Reagensglase mit 10 ccm destilliertem Wasser verdünnt und mit 0,1 ccm Nefsler-Reagens vermischt. Ferner werden 0,2 ccm Ammoniumchloridlösung (1 ccm = 0,05 mg NH_3, s. Lösungen) in einem Reagensglase mit 10 ccm Wasser verdünnt und mit 0,1 ccm Nefsler - Reagens vermischt. Ist die in dem Abwasser auftretende Färbung intensiver als in der Ammoniumchloridlösung, so enthält das Abwasser mehr als 20 mg Ammoniak in 1 l.

b) Hauptversuch. Enthielt das Abwasser nach dem Vorversuch weniger als 20 mg Ammoniak in 1 l, so werden von der geklärten Flüssigkeit 5 ccm, im anderen Falle 2 ccm in einem Hehnerschen Cylinder mit ammoniakfreiem Wasser auf 99 ccm aufgefüllt; die Lösung wird durch Umschütteln völlig durchgemischt, mit 1 ccm Nefsler-Reagens versetzt und nochmals gut vermischt. Gleichzeitig werden in anderen Cylindern 0,2—2 ccm der verdünnten Ammoniumchloridlösung (1 ccm = 0,05 mg NH_3) zu 99 ccm aufgefüllt und nach dem Durchmischen mit je 1 ccm Nefsler-Reagens gut vermischt.

Man wählt unter den Vergleichslösungen diejenige aus, welche nach der Intensität der Färbung der zu untersuchenden Lösung am nächsten kommt und läfst durch den am Boden befindlichen Hahn von der dunkleren Lösung so viel ab, bis die beiden Lösungen, von oben her gegen einen weifsen Untergrund betrachtet, die gleiche Farbenintensität aufweisen. War es erforderlich mehr als 50 ccm abzulassen, so ist der Versuch mit entsprechenden neu hergestellten Verdünnungen zu wiederholen. Wesentliche Temperaturdifferenzen unter den einzelnen zu vergleichenden Lösungen sind zu vermeiden, die Beobachtung ist einige Minuten nach erfolgtem Zusatz des Reagens vorzunehmen.

Beispiel für die Berechnung.

Nach dem Vorversuch enthielt das Wasser mehr als 20 mg in 1 l; 2 ccm desselben wurden nach Auffüllen zu 99 ccm mit 1 ccm Nefsler-Reagens versetzt. Die Intensität der Färbung war gröfser als bei der 2 ccm Ammoniumchloridlösung, entsprechend 0,1 mg NH_3 in 100 ccm, enthaltenden Vergleichslösung; zum Ausgleich der Färbungen waren von dem das Abwasser enthaltenden Cylinder 25 ccm abzulassen. Es enthielten somit 75 ccm der Abwasserverdünnung, entsprechend $\frac{75 \cdot 2}{100} = 1,5$ ccm Abwasser 0,1 mg Ammoniak, mithin enthielt 1 l $\frac{0,1 \cdot 1000}{1,5} = 66,7$ mg NH_3. (Umrechnung in Stickstoff siehe S. 64 Tab. 8.)

Ammoniak.
Alkalimetrisch nach Destillation mit Magnesia.

Die Bestimmung erfolgt durch Titration des ersten bei der Bestimmung ›Albuminoid-Ammoniaks‹ erhaltenen Destillates. Ist diese Bestimmung nicht ausgeführt, so gelten die an jener Stelle gemachten Angaben auch für die Ammoniakbestimmung. Die Verwendung von Natriumkarbonat an Stelle von Magnesiumoxyd zur Entbindung des Ammoniaks bietet keine Vorteile. Bei niedrigem Ammoniakgehalt ist $^1/_2$ bis 1 l Wasser anzuwenden.

Berechnung wie bei der Albuminoid-Ammoniakbestimmung.

Bemerkungen zu den Methoden der Ammoniakbestimmung.

Die kolorimetrische Methode gibt bei der Anwendung auf Trinkwasser, welches in der Regel nur einen niedrigen Ammoniakgehalt besitzt und frei ist von störenden Substanzen, genügend genaue Resultate. Der Grad der Genauigkeit, welcher bei der Anwendung dieser Methode auf die Untersuchung von Abwasser zu erwarten ist, ist abhängig einerseits von der Höhe des Ammoniakgehaltes, anderseits von der Gegenwart oder Abwesenheit störender Substanzen, deren Beseitigung durch die Fällung mit Soda-Natronlauge nicht möglich ist. Solche Stoffe sind z. B., abgesehen von Farbstoffen, Aldehyde (Acetaldehyd, Formaldehyd), Ketone (Aceton), Kohlehydrate etc., welche teils Niederschläge mit dem Quecksilberreagens liefern, teils durch Reduktion auf entstehende Niederschläge einwirken können. Das Vorkommen solcher Stoffe in Abwässern ist praktisch durchaus möglich.

Die durch diese Substanzen bewirkten Störungen werden sich vorwiegend geltend machen, wenn der Ammoniakgehalt des Abwassers niedrig ist und der Grad der Verdünnung, in welcher die Bestimmung erfolgt, ein geringer ist.

Ist jedoch der Ammoniakgehalt hoch, so wird der Genauigkeit unter allen Umständen eine Grenze gesetzt durch die mehr oder minder beschränkte Fähigkeit des Beobachters, geringe Unterschiede der Farbenintensität zu erkennen.

Man wird sich daher bei Ausführung zahlreicherer Untersuchungen an Abwässern derselben Herkunft durch vergleichende Versuche mit Hilfe der Destillationsmethode Rechenschaft ablegen müssen, ob die kolorimetrische Methode anwendbar ist.

Für vereinzelte Bestimmungen ist die Destillationsmethode der kolorimetrischen vorzuziehen, besonders da die dazu erforderlichen Apparate in jedem Laboratorium stets vorhanden sind. Eine Fehlerquelle der Destillationsmethode liegt in dem Umstande, daß das überschüssige Alkali — Magnesia und Natriumkarbonat — auch geringe Mengen Ammoniak aus leicht zersetzbaren Stickstoffverbindungen abspaltet; man darf daher die Destillation nicht weiter treiben als angegeben.

Salpetrige Säure.

Nachweis.

1. 200 ccm Abwasser werden in einem mit dicht schließendem Glasstopfen versehenen Cylinder von ca. 200 ccm Inhalt mit zehn Tropfen Ammoniak versetzt. Bei schwefelwasserstoffhaltigen Abwässern ist eine zur Bindung ausreichende Menge Zinkacetat zuzufügen. Der Cylinder bleibt gut verschlossen bis zur völligen Klärung der Flüssigkeit stehen. Von der über dem Bodensatz stehenden Flüssigkeit werden ca. 10 ccm in einem Reagensglase durch einige Tropfen Schwefelsäure $(1+3)$ schwach angesäuert und mit 1 ccm Zinkjodidstärkelösung versetzt. Tritt in der gut durchgeschüttelten Flüssigkeit an einem vor direktem Sonnenlicht geschützten Ort innerhalb 3 Minuten eine Blaufärbung auf, so ist salpetrige Säure vorhanden, sofern andere Jod ausscheidende Verbindungen nicht zugegen sind (Chlorate etc., nicht gefälltes Eisenoxyd, Chromate etc.). Eine später eintretende Blaufärbung oder Färbungen anderer Art sind nicht

als positive Reaktionen aufzufassen. Sind Sulfite oder andere Jod aufnehmende Stoffe zugegen, so kann die Reaktion ganz oder teilweise verhindert werden.

2. Sind Substanzen zugegen, welche in saurer Lösung Jod aus Jodiden freimachen und somit bei Anwendung der unter 1. beschriebenen Reaktion die Gegenwart von salpetriger Säure vortäuschen würden, so verfährt man wie folgt:

Ca. 50 ccm Abwasser werden in einem Erlenmeyer-Kölbchen von 100 ccm Inhalt mit einer kleinen Messerspitze von fein geriebenem Ferrosulfat und ca. 1 ccm verdünnter Schwefelsäure versetzt und nach Verschliefsen mit einem reinen Kork tüchtig durchgeschüttelt, um etwa vorhandene oxydierend wirkende Gase mit der Lösung in innige Berührung zu bringen. Nach einigen Minuten setzt man in den Hals des Kölbchens einen Kork ein, der an einem Einschnitte an seiner unteren Fläche einen mit Jodzink-Stärkelösung getränkten, feuchten Streifen von Filtrierpapier trägt. Letzterer darf in die Flüssigkeit nicht eintauchen. Ist salpetrige Säure in Mengen von mehr als etwa 2 mg pro Liter zugegen, so färbt sich das Papier entweder nach wenigen Minuten oder spätetens nach $1^{1}/_{2}$ Stunden blau.

Diese Art der Ausführung der Reaktion gewährt einen weit höheren Grad von Sicherheit als die unter 1. genannte, denn als Träger der oxydierenden Wirkung können nur Gase in Frage kommen, welche auf Ferrosulfat keine oxydierende Wirkung ausüben.

Bestimmung.

Nach dem aus der qualitativen Reaktion geschätzten Gehalte an salpetriger Säure verdünnt man in einem Hehnerschen Cylinder 1, 2, 5 oder mehr Kubikcentimeter des vorbereiteten Wassers auf 98 ccm. Gleichzeitig stellt man zwei Vergleichslösungen her, indem man 1 resp. 2 ccm der Natriumnitritlösung von bekanntem Gehalt auf 98 ccm auffüllt. Zu jedem Cylinder setzt man 1 ccm verdünnte Schwefelsäure $(1 + 3)$ und schüttelt um. Alsdann gibt man gleichzeitig 1 ccm Zinkjodidstärkelösung in jeden Cylinder, schüttelt wieder um und vergleicht nach drei Minuten langem Stehen die Farbenintensität. Von der stärker gefärbten Flüssigkeit ist so viel abzulassen, bis die Farbenstärke, von oben her gegen eine weifse Unterlage betrachtet, in beiden Cylindern die gleiche ist.

Bestimmungen, bei denen aus einem der Cylinder mehr als 50 ccm zur Erzielung der Farbengleichheit abgelassen werden müssen, sind unter entsprechender Verdünnung zu wiederholen.

Beispiel für die Berechnung.

Bei der Vorprüfung ergab sich eine erforderliche Verdünnung von 1 : 10. — Cylinder I mit 10 ccm der vorbereiteten Abwasserprobe zeigte nach dem Ablassen bis 95 ccm dieselbe Farbenintensität wie die Vergleichslösung in Cylinder II, welche in 100 ccm 1 ccm der Nitritlösung = 0,01 mg N_2O_3 enthielt.

Es enthielten demnach $\dfrac{10 \cdot 95}{100} = 9{,}5$ ccm Abwasser 0,01 mg N_2O_3. 1 l enthält daher 1,1 mg N_2O_3.

Die Zuverlässigkeit des Nachweises und der Bestimmung der salpetrigen Säure bei direkter Einwirkung des Wassers auf das Reagens ist durchaus abhängig von der Gegenwart bezw. Abwesenheit leicht oxydierbarer, jodaufnehmender Körper oder stark oxydierend wirkender Verbindungen. Industrieabwässer enthalten derartige Stoffe sehr häufig. Zu nennen sind hier z. B. Sulfite, Hyposulfite, Chlorate, Hypochlorite, Chromate, eventuell auch Eisenoxyd, dessen Ausfällung durch Ammoniak nicht immer gelingt. Aus ähnlichen Gründen haben wir auf die Wiedergabe der Kaliumpermanganatmethode verzichtet. Die Anführung anderer kolorimetrischer Methoden, z. B. unter Verwendung von m - Phenylendiamin oder α-Naphthylamin-Sulfanilsäure haben wir unterlassen, weil der Einfluß oben genannter Stoffe auf diese Körper noch wenig untersucht zu sein scheint.

Salpetersäure.

Nachweis:

a) Bei Gegenwart oder Abwesenheit von salpetriger Säure.

(Lunge[1], Winkler[1])

3 ccm reine konzentrierte Schwefelsäure werden in einem kleinen Erlenmeyer-Kölbchen mit 1 ccm des durch Ammoniakzusatz geklärten Wassers (s. salpetrige Säure) tropfenweise unter ständigem Umschwenken vermischt. Man kühlt ab und löst in der Flüssigkeit eine kleine Menge, ca. 0,02 g, Brucin. Bei Gegenwart von Salpetersäure entsteht eine rote, in Gelb übergehende Färbung. Zum Vergleich sind blinde Versuche auszuführen und zwar einerseits mit Schwefelsäure und geklärtem Abwasser allein behufs Feststellung, ob unter den Bedingungen des Versuches Gelbfärbung ohne Brucin eintritt, anderseits mit Schwefelsäure, destilliertem Wasser und Brucin zur Prüfung der Reinheit der Reagentien.

Zu beachten ist, daß auch andere Oxydationsmittel als die Salpetersäure, z. B. Chlorate, Hypochlorite, Chromate etc. die Färbung hervorrufen können, der Eintritt der Färbung läßt daher nicht ohne weiteres mit Sicherheit auf die Gegenwart von Salpetersäure schließen.

---

[1] Z. f. angew. Chemie 1894, S. 345; 1902, S. 1, 170.

b) Bei Abwesenheit von salpetriger Säure.

Man sättigt ca. 5 ccm des auf ein Fünftel eingedampften filtrierten Abwassers durch Zusatz von Ferrosulfat bei gewöhnlicher Temperatur und überschichtet vorsichtig mit dieser Lösung in einem Reagensglase ca. 5 ccm konzentrierte Schwefelsäure. Bei Gegenwart erheblicher Mengen von Salpetersäure tritt sofort oder nach einiger Zeit, besonders bei mäfsigem Umschwenken, an der Berührungsstelle ein roter bis braunschwarzer Ring auf. Blinder Versuch ohne Eisensalz. Mäfsige Mengen oxydierender Substanzen stören die Reaktion nicht.

Sind oxydierende Substanzen nicht zugegen, d. h. reagiert das Wasser nicht auf Jodkaliumstärkelösung, so ist die empfindlichere Brucinreaktion oder die entsprechende Reaktion mit Diphenylamin vorzuziehen. Ist das Wasser stark gefärbt, oder tritt Verfärbung durch Verkohlen beim Vermischen mit konzentrierter Schwefelsäure auf, so säuert man ca. 10 ccm Wasser mit verdünnter Schwefelsäure an und setzt ein Körnchen Zink und einige Tropfen Jodzinkstärkelösung hinzu. Bei Gegenwart von Salpetersäure tritt Blaufärbung der Lösung ein.

Bestimmung der Salpetersäure zusammen mit der salpetrigen Säure.

Kolorimetrisch (Lunge[1], Winkler[2], Noll[3]).

Nach Noll.

10 ccm Wasser — eventuell weniger, mit destilliertem Wasser auf 10 ccm verdünnt —, welche nicht mehr als 0,5 mg N_2O_5 enthalten dürfen, werden in einer Porzellanschale von ca. 100 ccm Inhalt mit 20 ccm Brucinschwefelsäure (s. Lösungen) versetzt und die Mischung nach etwa $1/4$ Minute, während welcher Zeit umzurühren ist, in einen Hehnerschen Cylinder, welcher 73 ccm destilliertes Wasser enthält, gegossen.

Gleichzeitig werden 5 ccm Kaliumnitratlösung, welche 0,5 mg N_2O_5 enthalten, mit 5 ccm destilliertem Wasser verdünnt, auf dieselbe Art in einer Porzellanschale $1/4$ Minute mit Brucinschwefelsäure behandelt und in einen Hehnerschen Cylinder, der ebenfalls mit 73 ccm destilliertem Wasser beschickt ist, übergeführt.

Nach dem Umrühren der Flüssigkeiten mit einem Glasstabe und Entweichen der Luftblasen wird von der stärker gefärbten Flüssigkeit so viel abgelassen, bis die Farbenintensität in beiden dieselbe ist.

---

[1] Lunge, l. c.
[2] Winkler, Ch.-Ztg. 1899, S. 454; 1901, S. 586.
[3] Noll, Z. f. angew. Ch. 1901, S. 1317.

Bestimmungen, bei welchen aus dem einen Cylinder mehr als 50 ccm zur Erzielung der Farbengleichheit abgelassen wurden, sind unter entsprechender Verdünnung zu wiederholen.

Es ist darauf zu achten, daß die Einwirkungsdauer der Brucinschwefelsäure auf die salpeterhaltigen Flüssigkeiten, welche verglichen werden sollen, genau die gleiche ist.

Beispiel für die Berechnung.

Von dem zu untersuchenden Wasser wurden 10 ccm verwendet. Nach dem Einfüllen in den Hehnerschen Cylinder mußten 20 ccm abgelassen werden, bis die Farbenintensität mit der Vergleichsflüssigkeit:

2 ccm Kaliumnitratlösung,

8 ccm destilliertes Wasser,

nach Vorschrift behandelt, übereinstimmte.

Es enthielten daher 80 ccm Verdünnung, entsprechend 8 ccm Abwasser, 0,2 mg N_2O_5.

1 l Abwasser enthält daher 25 mg N_2O_5.

Diese Methode ist nur anwendbar, wenn eine Verfärbung des Wassers beim Vermischen mit konzentrierter Schwefelsäure nicht eintritt und fremde oxydierende Substanzen nicht zugegen sind.

Gasometrisch nach Schulze-Tiemann.

250 ccm Abwasser werden, eventuell nach vorheriger Neutralisation, auf etwa 50 ccm eingedampft; diese Lösung wird zusammen mit dem etwa abgeschiedenen Niederschlage in das ca. 150 ccm fassende starkwandige Rundkölbchen A (Fig. 2) gebracht. Das Kölbchen wird mit einem Kautschukstopfen verschlossen, durch dessen zwei Bohrungen die gebogenen Röhren abc und efg geführt sind. Die erstere ragt bei a etwa 2 cm durch den Stopfen hindurch und ist zu einer nicht zu feinen Spitze ausgezogen, die letztere schneidet genau mit der unteren Fläche des Stopfens ab. Die beiden Röhren sind bei c und g durch enge Kautschukschläuche mit den Glasröhren cd und gh unter vollständiger Abdichtung durch Umwickeln mit Draht verbunden. Die Kautschukschläuche sind durch Quetschhähne verschließbar. Das untere Ende der Röhre gh ist bei h nach oben gebogen und durch Überziehen mit einem Kautschukschlauch vor dem Zerbrechen geschützt.

Man kocht bei offenen Röhren das zu prüfende Wasser in dem Kölbchen auf etwa 30 ccm ein, läßt dann das Rohr a, b, c, d in ausgekochtes destilliertes Wasser, das Rohr e, f, g, h in frisch ausgekochte und wieder erkaltete 10proz. Natronlauge, die sich in der Glaswanne B befindet, eintauchen.

Sobald durch weiteres Kochen die Luft vollständig entfernt worden ist, wird der Quetschhahn der in die Natronlauge eintauchenden Röhre geschlossen und weiter auf 10 ccm eingedampft, dann unter gleichzeitigem Entfernen der Flamme auch der Quetschhahn der zweiten Röhre geschlossen. Nun wird die destilliertes Wasser enthaltende Vorlage durch ein kleines Becherglas ersetzt, das gesättigte Eisenchlorürlösung enthält. Über die aufwärts gebogene Röhre wird eine in $^1/_{10}$ ccm geteilte, möglichst enge, mit ausgekochter Natronlauge gefüllte Meßröhre C aufgesetzt. Hat sich ein durch Zusammenziehen der Schläuche erkennbares Vakuum gebildet, so läßt man 10 ccm der Eisenchlorürlösung vorsichtig eintreten. Hierauf erwärmt man zuerst gelinde, bis

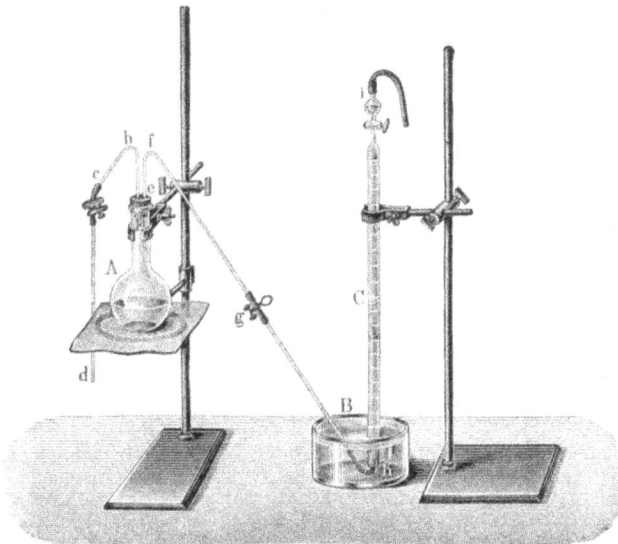

Fig. 2.

sich die Kautschukschläuche aufblähen, ersetzt den Quetschhahn der Gasentbindungsröhre durch Daumen und Zeigefinger und läßt, sobald der Druck stärker wird, das entwickelte Stickoxyd in die Meßröhre übersteigen.

Läßt die Gasentwickelung nach, so wird die vorgelegte Eisenchlorürlösung durch konzentrierte Salzsäure ersetzt und von dieser 10 ccm in der angegebenen Weise aufgesaugt. Nach erneutem Erhitzen und Übertreiben des Gases — unter Beachtung der oben angegebenen Vorsichtsmaßregeln — werden weitere 5 ccm Salzsäure aufgesaugt. Dann wird das Erhitzen so lange fortgesetzt, bis sich das Gasvolumen in der Meßröhre nicht mehr vermehrt.

Ist alles Stickoxyd ausgetrieben, so entfernt man die Gasentbindungsröhre aus der Meſsröhre und überträgt diese mit Hilfe
eines mit Natronlauge gefüllten Porzellanschälchens in einen hohen
Glascylinder, welcher so weit mit Wasser von 15—18° C. gefüllt ist,
daſs die Röhre darin vollständig untergetaucht werden kann. Nach
15 Minuten prüft man die Temperatur des im Cylinder befindlichen
Wassers und notiert den Barometerstand. Darauf zieht man die
graduierte Röhre senkrecht so weit aus dem Wasser, daſs die Flüssigkeit innerhalb und auſserhalb der Röhre dasselbe Niveau hat, und liest
das Volumen des Gases ab.

Berechnung.

Das abgelesene Volumen Stickoxydgas wird zunchst auf 0°C. und
760 mm Barometerstand reduziert nach der Formel:

$$V_0 = \frac{V \cdot (B-f) \cdot 273}{760 \cdot (273 + t)}$$

V_0 Volumen bei 0° C. und 760 mm Barometerstand.

V Abgelesenes Volumen.

B Beobachteter Barometerstand in mm.

t Temperatur des Wassers in Graden Celsius.

f Tension des Wasserdampfes bei t^0.

1 ccm Stickoxyd entspricht dann 2,414 mg N_2O_5. Der Gehalt
der Abwässer an Salpetersäure wird angegeben in mg N_2O_5 in 1 l.

Beispiel.

250 ccm Abwasser lieferten 9,2 ccm Stickoxyd. $B = 750$ mm,
$t = 16,0°, f = 13,5$

$$V_0 = \frac{9,2 \cdot (750-13,5) \cdot 273}{760 \cdot (273 + 16,0)} \text{ ccm} = 8,42 \text{ ccm}.$$

250 ccm Abwasser enthalten demnach $8,42 \times 2,414 = 20,33$ mg N_2O_5.
1 l Abasser enthält $4 \times 20,33 = 81,32$ mg N_2O_5.

Bemerkungen über den Nachweis und die Bestimmung der salpetrigen Säure und der Salpetersäure.

Es ist bereits bei den einzelnen Prüfungsmethoden auf manche
Schwierigkeiten hingewiesen, welche sich dem Analytiker bei dem
scheinbar so einfachen Nachweise und der Bestimmung dieser Verbindungen entgegenstellen. Der Analytiker wird von Fall zu Fall zu
prüfen haben, ob und inwieweit seine Befunde durch etwa vorhandene
störende Substanzen beeinfluſst werden. Wir haben uns in der Anführung von Untersuchungsmethoden auf diejenigen Verfahren be-

schränkt, welche uns am wenigsten abhängig von zufällig vorhandenen Verunreinigungen erschienen, und haben weniger empfindlichen Reaktionen dann den Vorzug gegeben, wenn von ihrer Anwendung zuverlässigere Ergebnisse zu erwarten waren.

Die sog. Indigomethode nach Marx-Trommsdorff haben wir ganz übergehen zu müssen geglaubt, weil man bei Abwässern infolge der Einwirkung der Salpetersäure auf die organischen Substanzen bei mäfsigem Gehalt an Salpetersäure meist viel zu niedrige Werte erhält, wie z. B. aus folgenden Versuchen hervorgeht.

Tabelle Nr. 2.
Vergleichende Salpetersäurebestimmung in gereinigten Abwässern.

Salpetersäuregehalt in mg pro 1	
nach Schulze-Tiemann	nach Marx-Trommsdorff
46,1	25,7
60,0	24,0
228,2	264
59,3	29,6
54,7	17,3

An Stelle der Indigomethode wendet man zweckmäfsig die kolorimetrische Brucinmethode an, welche bei Abwesenheit störender Substanzen genügend genaue Resultate liefert. Als zuverlässigste Methode dürfte zur Zeit die von Schulze-Tiemann zu bezeichnen sein. Im folgenden teilen wir einige vergleichende Versuche nach diesen beiden Methoden mit.

Tabelle Nr. 3.
Vergleichende Salpetersäurebestimmungen in Abwasser, welches nach verschiedenen Methoden gereinigt war.

Nr.	mg N_2O_5 in 1 l	
	Kolorimetrisch nach Noll	Gasometrisch nach Schulze-Tiemann
1	78	76,2
2	108	116,4
3	60	57,9
4	84	82,1
5	65	63,9
6	75	72,4
7	40	36,2

Organischer Kohlenstoff.

Die bei der üblichen Bestimmung der organischen Substanz mit Kaliumpermanganat gefundenen Werte geben zwar brauchbare Vergleichszahlen, aber keinen Aufschluſs über die Natur der organischen Substanz. Einerseits wird das Permanganat dabei nicht nur zur Oxydation der organischen Stoffe — und noch dazu in verschiedenen Mengen je nach deren Natur —, sondern auch für anorganische Körper (Ferro-, Nitrit- und Schwefelverbindungen) verbraucht. Anderseits lassen sich auch bei der Analyse durch die notwendige Verdünnung der an organischen Substanzen reichen Abwässer mit destilliertem Wasser Fehler nicht vermeiden. Diese Übelstände sucht die Methode zur Bestimmung des organischen Kohlenstoffes nach König[1]), welche durch nachstehenden Apparat veranschaulicht wird, zu beseitigen.

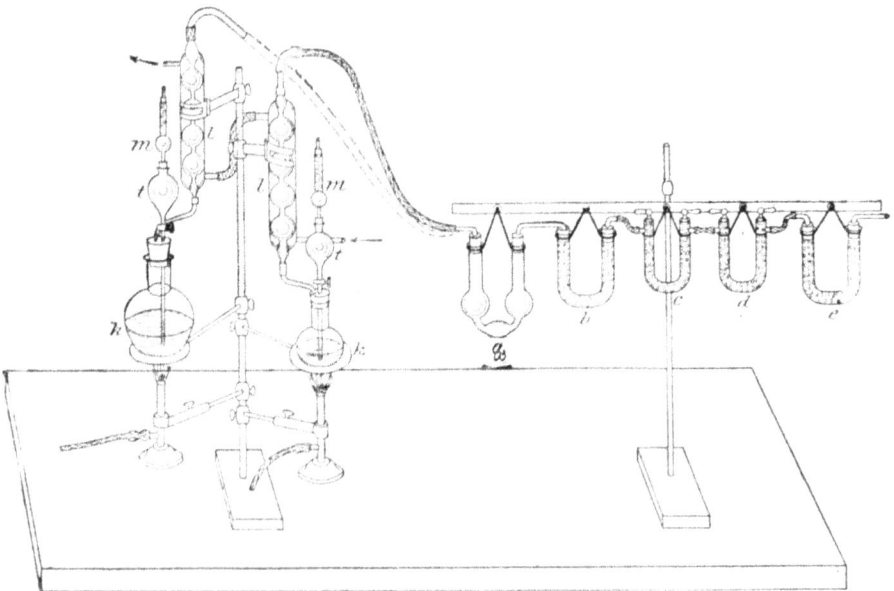

Fig. 3.

a) Bestimmung des organischen Kohlenstoffes im filtrierten Wasser.

Man bringt in den gröſseren Jenenser Rundkolben (k) 250 ccm filtriertes Abwasser, setzt 10 ccm verdünnter Schwefelsäure hinzu und kocht mit aufgesetztem, oben offenen Rückfluſskühler (l) eine halbe

----

[1]) Zeitschrift für Unters. der Nahr.- u. Genuſsm. 1901, S. 193.

Stunde lang, bis die als fertig gebildet vorhandene Kohlensäure ver-
trieben ist. Darauf fügt man nach dem Erkalten des Kolbens 2—3 g
KMnO$_4$, sowie 10 ccm 20 proz. Merkurisulfatlösung hinzu und stellt
nach Aufsetzen des Kühlers die Verbindung mit der Peligotschen
Röhre a her. Dieselbe enthält konzentrierte Schwefelsäure, während
die Röhre b mit Chlorcalcium, c und d mit Natronkalk und e zur
einen Hälfte mit Natronkalk, zur anderen Hälfte mit Chlorcalcium
gefüllt sind. Nach hergestellter Verbindung erhitzt man mit kleiner
Flamme vorsichtig, so dafs ein gleichmäfsiger Gasstrom in a eintritt,
nach und nach zum Sieden. Es werden dabei die Wasserdämpfe im
Rückflufskühler kondensiert und in a und b gänzlich beseitigt, während die entwickelte Kohlensäure in den zuvor gewogenen Röhren
c und d zur Absorption kommt. Wenn sich in a keine Gasentwick·
lung mehr bemerkbar macht, so öffnet man den Hahn des mit Natron-
kalkrohr versehenen Scheidetrichters (t) und saugt ca. $^1/_2$ Stunde lang
mit Hilfe eines Aspirators durch die in schwaches Sieden versetzte
Flüssigkeit einen langsamen Luftstrom. Hierauf werden die mit Glas-
hähnen versehenen Röhren c und d geschlossen und zur Feststellung
der durch CO$_2$-Absorption bedingten Gewichtszunahme gewogen.

b) Bestimmung der fertig gebildeten Kohlensäure und des organischen Kohlenstoffes bei Gegenwart leicht flüchtiger organischer Substanzen.

In äufserst seltenen Fällen können organische Substanzen vorhanden sein, die sich nicht im Kühler durch Wasser kondensieren
lassen. Es ist dann fertig gebildete CO$_2$ zusammen mit organischem
Kohlenstoff durch Zusatz des Oxydationsmittels zu bestimmen, und
von deren Summe die besonders ermittelte fertig gebildete CO$_2$ in
Abzug zu bringen.

Soll mit Hilfe desselben Apparates die fertig gebildete Kohlensäure
bestimmt werden, so ist die Verbindung des Kühlers mit dem Röhren-
system von vornherein herzustellen, und die Wägung der Röhren c
und d natürlich vor Zusatz des Oxydationsmittels vorzunehmen.

c) Bestimmung des organischen Kohlenstoffs in den Schwebestoffen.

Man bringt die im Goochtiegel gesammelten und gewaschenen
Schwebestoffe nebst Asbestfilter in den kleineren Kolben (k), setzt
10 ccm 20 proz. Merkurisulfatlösung, sowie 5 g Chromsäure hinzu, und
läfst unter starkem Durchleiten von Kühlwasser 50 ccm konzentrierter
H$_2$SO$_4$ durch den Scheidetrichter zufliefsen. Im übrigen verfährt man
sonst wie zuvor.

Enthalten die Schwebestoffe Karbonate, z.·B. CaCO$_3$, so ist hierauf
Rücksicht zu nehmen.

Beispiel für die Berechnung.

Durch Multiplikation der gefundenen CO_2 mit 0,2728 erhält man den organischen Kohlenstoff.

Fall a.   Leicht flüchtige organische Kohlenstoff-Verbindungen fehlen.

Der organische Kohlenstoff aus 250 ccm Abwasser liefert 31,0 mg CO_2, das Abwasser enthält mithin $31{,}0 \times 0{,}2728 \times 4 = 33{,}8$ mg organischen Kohlenstoff pro Liter.

Fall b.   Der gesamte organische Kohlenstoff + fertig gebildete Kohlensäure aus 250 ccm Abwasser liefert . . 68,0 mg CO_2
die fertig gebildete Kohlensäure allein beträgt . <u>32,0 mg CO_2</u>
aus organ. Kohlenstoff stammende Kohlensäure   36,0 mg CO_2 in 250 ccm.
Das Abwasser enthält mithin $36{,}0 \times 0{,}2728 \times 4 = 39{,}3$ mg organischen Kohlenstoff pro Liter.

Fall c.   Analog a.

Kohlensäure.

a) Gebundene CO_2.

Man versetzt 100—200 ccm Wasser mit 1—2 Tropfen Methylorangelösung und fügt so lange $^1/_{10}$ Normalschwefelsäure hinzu, bis die anfangs gelbliche Farbe der Flüssigkeit in Nelkenrot übergeht.

Jedes verbrauchte Kubikcentimeter $^1/_{10}$ Normal - H_2SO_4 entspricht 2,2 mg CO_2.

b) Freie und halbgebundene CO_2.

Vermischt man eine Baryumhydroxydlösung mit einem kohlensäurehaltigen Wasser, so wird für jedes Mol. freie und halbgebundene CO_2 ein Mol. $BaCO_3$ ausgefällt. Damit bei diesem Vorgange vorhandene Karbonate, Sulfate und Phosphate der Alkalien nicht störend wirken, setzt man dem Barytwasser zuvor Baryumchlorid hinzu, wodurch Alkalichlorid und die entsprechenden unlöslichen Barytsalze gebildet werden.

Aus den vorhandenen Magnesiumsalzen wird durch diese Behandlung Magnesiumhydroxyd ausgeschieden.

Bei der Berechnung ist für jedes mg MgO 1,1 mg CO_2 von der Summe der gefundenen freien und halbgebundenen CO_2 in Abzug zu bringen.

Am Orte der Entnahme gibt man in eine mit 45 ccm Barytwasser und 5 ccm neutraler Baryumchloridlösung (1 : 10) beschickte, 200 g fassenden Medizinflasche mittels Pipette oder Meßcylinder 150 ccm Wasser, verschließt die Flasche mittels Gummistopfen und läßt nach Durchschütteln 24 Stunden absetzen. Von der klaren Flüssigkeit entnimmt man, ohne den Bodensatz aufzuwirbeln, 50 ccm und titriert diese nach Zusatz von Methylorange mit $^1/_{10}$ Normal-Schwefelsäure. Außerdem wird mit Hilfe derselben Normallösung der Titer von 45 ccm des verwendeten Barytwassers festgestellt.

c) Freie CO_2.

Bezeichnet man die gebundene CO_2 mit a, die freie und halbgebundene CO_2 mit b, so können folgende Möglichkeiten vorliegen:

1. $a = 0$, in diesem Falle gibt
   b die freie CO_2 an.
2. $a > b$ oder $a = b$.
   b besteht nur aus halbgebundener CO_2, freie CO_2 ist nicht vorhanden.
3. $a < b$.

Halbgebundene CO_2 ist ebenso viel wie gebundene vorhanden. Freie CO_2 mithin $= b - a$.

Beispiel für die Berechnung.

a) Titer für 45 ccm Barytwasser $= 48,0$ ccm $^1/_{10}$ H_2SO_4.

b) 50 ccm der dem angesetzten Gemische entnommenen klaren Lösung $= 9,8$ ccm $^1/_{10}$ H_2SO_4.

c) Gehalt des Wassers an $MgO = 12,0$ mg pro Liter,

1 ccm $^1/_{10}$ H_2SO_4 entspricht 2,2 mg CO_2.

$48 - 4 \times 9,8 = 8,8$ ccm $^1/_{10}$ H_2SO_4, entsprechend $8,8 \times 2,2 = 19,36$ mg CO_2 (frei und halbgebunden) in 200 ccm Lösung, welche 150 ccm Abwasser enthielten. Da das Abwasser 12 mg MgO im Liter enthielt, so sind $12,0 \times 1,1 = 13,2$ mg CO_2 pro Liter in Abzug zu bringen. Das Wasser enthielt mithin $\dfrac{19,36 \cdot 1000}{150} - 13,2 = 115,9$ mg freie und halbgebundene Kohlensäure in 1 l.

Bei der titrimetrischen Bestimmung der gebundenen Kohlensäure mit Hilfe von Methylorange ermittelt man, streng genommen, nicht die Kohlensäure, sondern die Alkalimenge, welche teils an Kohlensäure, teils an andere schwache Säuren gebunden ist. Zu den letzteren sind zu rechnen: Phosphorsäure, schweflige Säure, Borsäure, organische Säuren etc. Da diese Säuren in Abwässern nicht selten vorkommen, so wird die titrimetrische Bestimmung der gebundenen Kohlensäure in solchen Fällen zu hohe Werte liefern. Bei der Bestimmung der freien und halbgebundenen Kohlensäure durch Titration können freie organische und anorganische Säuren oder Salze, deren Metalle als Hydrate durch Barytwasser gefällt werden etc., von störendem Einfluß sein. In solchen Fällen wird allein die Gewichtsanalyse unter direkter Wägung der Kohlensäure ein einwandfreies Resultat liefern; aber auch hier ist zu beachten, daß flüchtige Produkte saurer Natur

(Schwefelwasserstoff, schweflige Säure, Chlor, Stickstoffdioxyd bezw. salpetrige Säure) auf passende Weise unschädlich gemacht werden müssen; so z. B. werden schwefligsaure Salze durch vorsichtige Oxydation in schwefelsaure überzuführen sein u. s. w.

Im allgemeinen wird die Bestimmung der Kohlensäure in Abwässern, welche Abgänge aus industriellen Anlagen enthalten, nicht von besonderem Werte sein; der Seite 30 beschriebene Apparat von König zur Bestimmung des organischen Kohlenstoffs ist auch für die gewichtsanalytische Bestimmung der Kohlensäure verwendbar.

Sauerstoff (als Gas in Lösung befindlich).

Das von Winkler angegebene Verfahren zur Bestimmung des Sauerstoffs im Wasser beruht auf folgenden Umsetzungen:

Frischgefälltes Manganoxydulhydrat wird bei Gegenwart von Alkali durch Sauerstoff in Manganoxydhydrat übergeführt. Setzt man zu einem solchen Gemische Salzsäure hinzu, so entsteht das wenig beständige Manganchlorid, das in Manganchlorür und freies Chlor zerfällt. Letzteres scheidet aus zugefügtem Jodkalium eine dem Sauerstoff äquivalente Menge Jod ab, dessen quantitative Bestimmung durch Titration mit Natriumthiosulfat erfolgt.

Zur Ausführung dieser Untersuchung benutzt man starkwandige, braune Glasflaschen von ca. 250 ccm Inhalt, die mit Glasstopfen und übergreifender Glaskappe, beide gut eingeschliffen, versehen sind. Man füllt am Ort der Entnahme die Flasche durch vorsichtiges Eintauchen bis zum Rande mit dem zu untersuchenden Wasser, läfst schnell mittels Pipetten, deren Ausflufsspitzen zu langen Kapillaren ausgezogen sind, nacheinander 1 ccm Manganchlorürlösung und 1 ccm Natronlauge[1] auf den Boden des Gefäfses fliefsen, setzt dann, ohne dafs sich dabei eine Luftblase im Halse bildet, den Stopfen auf und stülpt, um den Zutritt der Luft von aufsen abzuhalten, die mit Wasser gefüllte Glaskappe über. Bei CO_2-reicheren Wässern nimmt man von den Reagentien je 2 ccm, da $MnCO_3$ von O schwerer oxydiert wird. Nun wird durch Umdrehen des Gefäfses das Wasser mit den zugefügten Chemikalien gemischt und das Ganze zum Absetzenlassen des gebildeten Niederschlages der Ruhe überlassen. Nach 2 Stunden läfst man zwecks Lösung des am Boden befindlichen Niederschlages 5 ccm rauchende Salzsäure einfliefsen, gibt 0,5 Jodkalium in Kristallen hinzu und setzt den Stopfen wieder auf, ohne Rücksicht auf das dabei ausfliefsende Wasser zu nehmen.

Nach erfolgter Auflösung bringt man den Inhalt der Flasche unter Nachspülen mit destilliertem Wasser in einen Erlenmeyer-Kolben und

---

[1] Siehe Reagentien und Lösungen, S. 58.

titriert das ausgeschiedene Jod unter Zusatz von Stärkelösung als Indikator mit $^1/_{100}$ Natriumthiosulfat. Jeder Kubikcentimeter $^1/_{100}$ Normal-Natriumthiosulfat entspricht 0,055825 ccm Sauerstoff (bei 0° und 760 mm Druck).

Bezeichnet man den Inhalt der Flasche abzüglich 2 ccm resp. 4 ccm für Reagentien mit V und die verbrauchte Anzahl ccm $^1/_{100}$ Normal-Natriumthiosulfat mit n, so ergibt sich der in 1 l Wasser enthaltene Sauerstoff nach der Formel:

$$\frac{0,055825 \cdot n \cdot 1000}{V}$$

Hat man häufiger derartige Bestimmungen auszuführen, so empfiehlt es sich, zur Abkürzung der Berechnung folgenden Wert

$$\frac{0,055825 \cdot 1000}{V} = \text{Faktor}$$

für die zur Anwendung kommenden Flaschen ein für allemal festzustellen. Es ist dann nur notwendig, den so erhaltenen Faktor mit n zu multiplizieren.

In der beschriebenen Form läfst sich die Sauerstoffbestimmung nur bei relativ reinen Wässern ausführen. Bei Abwässern dagegen ist eine Korrektur notwendig, da ein Teil des wirksamen Chlors von den Verunreinigungen des Wassers selbst absorbiert und infolgedessen zu wenig Sauerstoff gefunden wird. Um diesen Wert festzustellen, versetzt man das zu untersuchende Wasser mit einer überschüssigen Manganchloridlösung und bestimmt, wie viel wirksames Chlor hierbei verloren geht. Man bringt zu diesem Zwecke in einen grofsen Kolben 1 ccm Manganchlorürlösung, 1 ccm Natronlauge und ca. 10 ccm destilliertes Wasser, schüttelt einige Zeit um und fügt 10 ccm rauchende Salzsäure und ca. 500 ccm destilliertes Wasser hinzu. Von dieser frischbereiteten Manganchloridlösung mischt man je 100 ccm mit 100 ccm destillierten und mit 100 ccm des zu untersuchenden Wassers, setzt nach 3 Minuten zu beiden Proben 1,0 Jodkalium hinzu und bestimmt das ausgeschiedene Jod mit Natriumthiosulfat. Die Differenz der beiden Titrationen ergibt die für 100 ccm des zu untersuchenden Wassers notwendige Korrektur, welche bei der eigentlichen Sauerstoffbestimmung addiert werden mufs.

Berechnung einer Sauerstoffbestimmung im Abwasser.

Inhalt der Flasche abzüglich 2 ccm für Reagentien = 242,0 ccm.

Zur Titration dieser Abwassermenge sind 9 ccm $^1/_{100}$ Normal-Thiosulfat verbraucht, mithin für

$$1 \text{ l Abwasser } \frac{9,0 \cdot 1000}{242,0} = 37,2 \text{ ccm } ^1/_{100} \text{ Normal-Na}_2\text{S}_2\text{O}_3.$$

Korrektur der Sauerstoffbestimmung.

Je 100 ccm Manganchloridlösung verbrauchten

    a) mit 100 ccm destilliertem Wasser 16 ccm $^1/_{100}$ Normal-$Na_2S_2O_3$.

    b) » 100 » Abwasser 15,5   »

                                      0,5   »

    Mithin für 1 l Abwasser . . . 5,0   »

Der Sauerstoffgehalt beträgt somit:

$(37,2 + 5,0) \times 0,055825 = 2,36$ ccm Sauerstoff im Liter Abwasser.

Gebundenes Chlor.

Bei mäfsig verunreinigtem, neutralen Wasser werden 50 ccm — bei chlorreichen Abwässern eine entsprechend geringere, mit destilliertem Wasser verdünnte Menge — mit 2 Tropfen Kaliumchromatlösung (1 + 9) versetzt und mit Silbernitratlösung (1 ccm = 1 mg Cl) titriert, bis die anfangs weifsliche Trübung eine rötliche Färbung annimmt.

Sind geringe Mengen Schwefelwasserstoff vorhanden, so können dieselben durch Aufkochen resp. teilweises Eindampfen entfernt werden.

Bei stärker verunreinigten Wässern kocht man[1] 100 ccm mit einigen Kristallen Kaliumpermanganat bis zur Entfärbung und titriert das vom ausgeschiedenen Manganniederschlag getrennte, klare Filtrat mit Silberlösung. Ein eventueller Überschufs vom $KMnO_4$ ist dabei zuvor durch einige Tropfen Alkohol zu entfernen. Falls bei starkem Permanganatverbrauch das Filtrat eine deutlich alkalische Reaktion angenommen haben sollte, so neutralisiert man das Wasser vor der Titration, oder bestimmt das Chlor in salpetersaurer Lösung durch Fällen mit Silbernitrat gewichtsanalytisch resp. nach der Methode von Volhard.[2]

Falls eine besondere Genauigkeit verlangt wird, ist das Wasser mit Soda einzudampfen und nach Veraschen des Abdampfrückstandes das Chlor gewichtsanalytisch resp. durch Titration nach Volhard zu bestimmen.

Beispiel.

10 ccm Abwasser mit 40 ccm destilliertem Wasser verdünnt verbrauchten 6,2 Silberlösung; 1 ccm Silberlösung = 1 mg Cl, 1 l Abwasser enthält demnach 620 mg Chlor.

Freies Chlor bezw. unterchlorige Säure.

Freies Chlor bezw. unterchlorige Säure kann sich, abgesehen von gewissen Industrieabwässern, in Wässern finden, die mit Chlorkalk desinfiziert worden sind.

---

[1] König, Unters. landw. u. gewerbl. wichtiger Stoffe, S. 655, 2. Aufl.

[2] Liebigs, Annalen 190, 24.

Eine eintretende Blaufärbung beim Zusatz von Jodkalium, Salzsäure und Stärkelösung zum Abwasser läſst, falls andere oxydierend
wirkende Stoffe ausgeschlossen sind, auf freies Chlor bezw. unterchlorige Säure schlieſsen.

Zum Nachweise unterchlorigsaurer Salze setzt man zu ca. 10 ccm
Wasser 2—3 Tropfen einer wässerigen etwa 2 proz. Anilinlösung und
säuert dann mit Essigsäure an. Bei Gegenwart unterchlorigsaurer
Salze färbt sich die Flüssigkeit violett, später schmutzig gelb.

Zur quantitativen Bestimmung, die zwar nicht ganz einwandfreie,
doch einigermaſsen annähernde Resultate gibt, versetzt man 250 ccm
Abwasser mit 1 g Jodkalium, säuert mit Salzsäure an und titriert das
ausgeschiedene Jod unter Verwendung von Stärkelösung als Indikator
mit $^1/_{10}$ Normal-Natriumthiosulfatlösung. Es gibt dabei 1 ccm $^1/_{10}$ Normallösung 0,003545 g Chlor.

Schwefelwasserstoff und Sulfide.

a) Qualitativ.

In einen Erlenmeyer-Kolben werden ca. 200 ccm Wasser gebracht
und nach dem losen Aufsetzen eines mit eingeklemmtem Bleipapier-
streifen versehenen Korkes bis zum Sieden erhitzt. Eine auftretende
Braun- bezw. Schwarzfärbung zeigt Schwefelwasserstoff an. Man kocht
sodann noch einige Minuten, ersetzt das Bleipapier durch einen neuen
Streifen und fügt 5 ccm verdünnte Schwefelsäure hinzu. Bei Anwesenheit von Sulfiden tritt nach dem Säurezusatz eine Braun- resp.
Schwarzfärbung des Bleipapieres ein.

Schwefelwasserstoff macht sich meist, oftmals schon in Mengen,
die durch Bleipapier nicht nachgewiesen werden können, durch den
Geruch bemerkbar.

b) Quantitativ.

In einem Erlenmeyer-Kolben versetzt man 250 ccm Abwasser mit
5· ccm Jodkaliumlösung (10%), fügt sodann · bis zur eintretenden
Braunfärbung auf einmal 10 resp. mehr ccm $^1/_{100}$ Normal-Jodlösung
hinzu und titriert nach 10 Minuten nach Zusatz von Stärkelösung das
überschüssige Jod mit $^1/_{100}$ Normal·Natriumthiosulfat zurück. Zieht
man von der zugefügten Jodlösung die verbrauchte Natriumthiosulfatlösung ab, so erhält man die von Schwefelwasserstoff absorbierte Jodlösung.

1 ccm $^1/_{100}$ Normal-Jodlösung zeigt dabei 0,00017 g H_2S an.

Da im Abwasser oftmals noch andere Jod entfärbende Substanzen
enthalten sind, so kann diese Bestimmungsmethode keinen Anspruch
auf groſse Genauigkeit machen.

Beispiel.

250 ccm Abwasser mit 10 ccm $^1/_{100}$ Jodlösung versetzt, verbrauchten zur Rücktitration 7,4 ccm $^1/_{100}$ Thiosulfat. Es sind mithin (10,0—7,4) $\times$ 0,00017 $\times$ 4 = 0,001768 g H$_2$S im Liter Abwasser enthalten.

Eisen.

Der Eisengehalt spielt bei normalen Abwässern keine so wichtige Rolle, wie beim Trinkwasser. Die Bestimmung erfolgt auf kolorimetrischem Wege, falls nur geringe Mengen Eisenverbindungen zugegen sind.

200 ccm Abwasser werden mit 1 ccm Salzsäure und einigen Kristallen Kaliumchlorat in einer Porzellanschale zur Trockne eingedampft. Der mit 1 ccm HCl durchfeuchtete Trockenrückstand wird in ca. 50 ccm Wasser gelöst, wenn nötig filtriert, und in einen Hehnerschen Cylinder gebracht. Als Vergleichsflüssigkeiten stellt man sich in mehreren gewöhnlichen 100-ccm-Meſscylindern, die möglichst die Höhe der Hehnerschen Cylinder besitzen, Lösungen von 0,25—2 mg Fe$_2$O$_3$ (s. Eisenalaunlösung unter Lösungen) in ca. 90 ccm Wasser dar und versetzt diese mit 1 ccm Salzsäure. Nun fügt man dem zu untersuchenden Wasser und den Vergleichsflüssigkeiten je 1 ccm Rhodanammonlösung hinzu und füllt alle Cylinder mit destilliertem Wasser zu 100 ccm auf. Nach Durchschütteln bringt man diejenige Vergleichsflüssigkeit, deren Färbung dem zu untersuchenden Wasser am nächsten steht, in einen zweiten Hehnerschen Cylinder und läſst von der dunkler gefärbten Lösung ablaufen, bis die Stärke der Färbung in beiden Cylindern die gleiche ist. Aus den verbleibenden Flüssigkeitsmengen berechnet man den Eisengehalt des Abwassers, derselbe wird angegeben in: mg Fe$_2$O$_3$ in 1 Ltr.

Beispiel für die Berechnung.

Cylinder I enthält als Vergleichsflüssigkeit 1,0 mg Fe$_2$O$_3$.

Cylinder II enthält das Eisen aus 200 ccm Abwasser.

Farbengleichheit tritt ein, nachdem Cylinder I bis 85 ccm abgelassen ist. Es sind dann in 200 ccm Abwasser 0,85 mg Fe$_2$O$_3$, resp. im Liter 4,25 mg Fe$_2$O$_3$ enthalten.

Schwefelsäure.

Je nach der Menge der vorhandenen Schwefelsäure werden 200 bis 500 ccm Abwasser im Becherglase mit Salzsäure schwach angesäuert, auf ein kleines Volumen eingedampft und mit Baryumchlorid (1 : 20) im geringen Überschuſs kochend heiſs gefällt. Nach mehrstündigem Absetzenlassen sammelt man sodann das ausgeschiedene BaSO$_4$ auf einem Filter von bekanntem Aschengehalte und wäscht mit heiſsem Wasser bis zum Verschwinden der Chlorreaktion im Filtrat aus.

Schließlich wird das Filter samt Niederschlag im Platintiegel verascht und der Rückstand nach dem Glühen gewogen.

Sollte der $BaSO_4$-Niederschlag mit Fluorbaryum gemischt sein,
so muß derselbe durch Zusammenschmelzen mit der vierfachen Menge
wasserfreier Soda, Auslaugen der Schmelze mit Wasser, und aber-
maliges Fällen der schwach mit HCl angesäuerten Lösung mit $BaCl_2$
gereinigt werden.

Ein Gewichtsteil $BaSO_4$ entspricht 0,3433 Gewichtsteilen SO_3.

Kieselsäure.

Der wie oben angegeben, durch Glühen u. s. w. erhaltene Glührückstand wird mit Wasser angefeuchtet und nach Bedecken der
Schale mit einem Uhrglase mit Salzsäure stark angesäuert. Die Lösung
wird, da bei Gegenwart größerer Mengen von Nitraten die Platinschale angegriffen wird, mit einem etwa vorhandenen Niederschlage
ohne Verlust in eine Porzellanschale übergeführt und vollständig zur
Trockne verdampft. Den Abdampfrückstand erhitzt man mit verdünnter
Salzsäure einige Zeit auf dem Wasserbade, verdünnt die Flüssigkeit
sodann mit heißem Wasser, filtriert durch ein kleines aschefreies Filter
und wäscht den Rückstand auf dem Filter bis zum Verschwinden der
Chlorreaktion aus. Der hauptsächlich aus SiO_2 bestehende Niederschlag mit dem Filter wird in einem Platintiegel verascht, geglüht und
nach dem Erkalten gewogen.

Der Gehalt an Kieselsäure wird in Milligrammen SiO_2 für 1 l Abwasser angegeben.

Eisenoxyd, Thonerde in Verbindung mit Phosphorsäure.

Ungereinigte Abwässer enthalten in der Regel erhebliche Mengen
von Phosphorsäure neben wechselnden Mengen von Eisenoxyd und
Thonerde. Der Gang der Analyse richtet sich daher nach den
Mengenverhältnissen, in welchen diese Körper vorhanden sind.

Das bei der Bestimmung der Kieselsäure erhaltene salzsaure Filtrat wird — eventuell nach dem Entfernen von Schwermetallen durch
Schwefelwasserstoff — mit etwas Kaliumchlorat bis zur vollständigen
Oxydation der Eisensalze erhitzt, nach dem Erkalten mit Ammoniak
bis zur Neutralisation der Hauptmasse der freien Säure versetzt, und
sodann mit etwa 5 ccm Ammoniumacetatlösung (ca. 10 %) und einigen
Tropfen Essigsäure vermischt. Nach mehrstündigem Stehen filtriert man
den Niederschlag ab. Bei normalen Abwässern enthält derselbe vorwiegend Eisenoxyd und Phosphorsäure, daneben kann auch Thonerde vorkommen. Die Kenntnis der Zusammensetzung dieses Niederschlages ist
meist nicht von Interesse. Ist der Niederschlag sehr erheblich, so sind
die in demselben enthaltenen Basen wie üblich zu bestimmen.

Kalk.

Das essigsaure Filtrat enthält in der Regel kein Eisen mehr: in diesem Falle ist dasselbe farblos, und es ist ein gröfserer oder geringerer Überschufs an Phosphorsäure vorhanden — Fall a.

Ist das essigsaure Filtrat rötlich gefärbt, so enthält dasselbe noch Eisen und ist dann frei von Phosphorsäure — Fall b.

Fall a. Man entfernt etwa vorhandenes Zink durch Schwefel-wasserstoff, dampft das Filtrat entsprechend ein und fällt den Kalk durch oxalsaures Ammonium. Der Niederschlag wird nach einigen Stunden abfiltriert, mit heifsem Wasser ausgewaschen und in einem Platintiegel nach dem Verbrennen des Filters erst gelinde, dann stärker über einem Gebläse oder einem gleichwertigen Brenner bis zur Ge-wichtskonstanz stark geglüht. Der geglühte Rückstand besteht aus Calciumoxyd. Der Gehalt des Abwassers an Kalk wird in Milli-grammen Calciumoxyd in 1 l angegeben.

Fall b. Man versetzt das essigsaure Filtrat in einem Kolben mit Ammoniak bis zur bleibenden Trübung, fügt einige Tropfen Schwefel-ammonium hinzu und verschliefst den Kolben. Nach längerem Stehen filtriert man den Niederschlag (FeS, ZnS etc.) ab und wäscht mit schwach schwefelammoniumhaltigem Wasser aus. Das Filtrat wird eingedampft und heifs mit oxalsaurem Ammoniak gefällt. Die Be-stimmung des Kalkes erfolgt wie bei a.

Magnesia.

Das nach a oder b von der Kalkbestimmung erhaltene Filtrat wird auf etwa 50 ccm eingedampft, in einem Becherglase mit ca. 25 ccm Ammoniak (specifisches Gewicht 0,96) vermischt und mit 5 ccm Ammoniumphosphatlösung (10%) tropfenweise unter Umrühren ver-setzt. Man läfst die Flüssigkeit bis zum nächsten Tage bedeckt stehen, filtriert durch ein kleines Filter und wäscht den Niederschlag mit verdünntem Ammoniak ($2^1/_2$%) aus, bis einige Kubikcentimeter des Filtrates nach dem Ansäuern mit Salpetersäure mit Silbernitrat keine Trübung mehr geben. Das Filter mit dem Niederschlage wird in einem Platintiegel bei gelinder Wärme getrocknet, dann verbrannt und der Rückstand erst schwach, dann bis zum völligen Weifswerden stärker geglüht. Der geglühte Rückstand ist Magnesiumpyrophosphat $Mg_2P_2O_7$. Der Magnesiumgehalt wird als Magnesiumoxyd in Milli-grammen in 1 l Abwasser angegeben.

Berechnung.

1 mg $Mg_2P_2O_7$ entspricht 0,3604 mg MgO.

Härte.

Bei an mineralischen Bestandteilen reichen Abwässern pflegt man die Menge des gelösten Calcium- und Magnesiumoxyds in Härtegraden auszudrücken. Es entsprechen je 10 mg CaO im Liter oder die äquivalente Menge MgO einem deutschen Härtegrade. Die Umrechnung von MgO in die äquivalente Menge CaO erfolgt durch Multiplikation mit 1,4.

In Frankreich und England wird als Einheit CaCO$_3$ (10 mg in 1 l resp. in 0,7 l) zu Grunde gelegt, so dafs ein deutscher Härtegrad = 1,79 französischen und = 1,25 englischen Härtegraden ist.

Die Gesamthärte zeigt die gesamte Menge des in Form löslicher Salze in Wasser enthaltenen Calcium- und Magnesiumoxydes an. Diejenige Menge von Calcium- und Magnesiumoxyd, welche nach halbstündigem Kochen und Wiederauffüllen mit destilliertem Wasser in Lösung bleibt, nennt man die permanente Härte. Die Differenz zwischen beiden, welche den durch das Kochen in unlösliche Monokarbonate übergeführten Bikarbonaten entspricht, wird als temporäre Härte bezeichnet.

Beispiel.

Auf gewichtsanalytischem Wege im Liter Wasser ermittelt.

210,0 mg CaO entsprechend   21,0 Härtegraden

85,0 mg MgO   »   8,5 × 1,4 = 11,9   »

Gesamthärte 32,9 °.

Dasselbe Wasser nach halbstündigem Kochen und Wiederauffüllen mit destilliertem Wasser enthält im Filtrat:

182,0 mg CaO entsprechend   18,2 Härtegraden

76,0 mg MgO   »   7,6 × 1,4 = 10,64   »

Permanente Härte 28,84 °.

32,9 — 28,84 = 4,06 ° temporäre Härte.

Die vielfach in der Technik übliche Bestimmung der Härtegrade nach dem Clarkschen Seifenverfahren gibt nur annähernde Resultate.

Kali, Natron.

250 bis 500 ccm filtriertes Abwasser werden in einer Platinschale abgedampft, der Rückstand wird unter Auflegen eines Deckels mäfsig erhitzt, bis nur noch geringe Mengen von Kohle zurückbleiben, und dann wie zur Bestimmung der Kieselsäure mit Salzsäure weiter behandelt. Das salzsaure Filtrat versetzt man mit einigen Tropfen Eisenchlorid und mit Barytwasser bis zur stark alkalischen Reaktion und erhitzt längere Zeit im Wasserbade. Der Niederschlag wird abfiltriert und mit heifsem Wasser vollständig ausgewaschen (Chlorreaktion).

Das alkalische Filtrat wird in der Siedehitze mit kohlensaurem Ammoniak gefällt, der Niederschlag wird nach längerem Stehen abfiltriert und ausgewaschen. Das Filtrat wird in einer Platinschale zur Trockne verdampft, durch gelindes Glühen von den Ammoniaksalzen befreit, mit Wasser aufgenommen und filtriert. Man wiederholt die Fällung mit Ammoniumkarbonat — und etwas Ammoniumoxalat —, das Abdampfen und Glühen, bis sich der Rückstand klar in Wasser löst. Die klare Lösung verdampft man nach Zusatz von einigen Tropfen Salzsäure zur Trockne, glüht gelinde mit aufgelegtem Deckel und wägt die so erhaltenen Chloride des Kaliums und Natriums.

Das aus Chlorkalium und Chlornatrium bestehende Salzgemenge löst man in wenig Wasser, setzt zu der Lösung eine wässerige, möglichst neutrale konzentrierte Lösung von Platinchlorid in so grofsem Überschusse zu, dafs beide Alkalichloride mehr als genügend Platinchlorid vorfinden, um die entsprechenden Doppelsalze bilden zu können, und dampft sodann in einer Porzellanschale auf nur schwach siedendem Wasserbade auf kleinem Ring unter Umrühren vorsichtig ein, bis die Salzmasse eine noch feuchte breiige Masse bildet. Diesen Rückstand übergiefst man mit ca. 20 ccm Alkohol von ca. 80 Volumprozent und läfst unter zeitweiligem Umrühren einige Stunden bedeckt stehen. War die zugesetzte Menge Platinchlorid ausreichend, so ist die alkoholische Lösung tiefgelb. Man filtriert unter Absaugen durch einen mit Asbest beschickten Gooch-Tiegel, wäscht den Niederschlag mit Alkohol von 80 Volumprozent aus, trocknet bei 130° C. und wägt.

1 Gewichtsteil $PtCl_4$, 2 KCl entspricht 0,1931 Gewichtsteilen K_2O und 0,3056 Gewichtsteilen K Cl.

Die gefundene Menge Kali wird in Milligrammen K_2O im Liter ausgedrückt.

Zieht man von der Gesamtmenge der Alkalichloride die gefundene Menge Chlorkalium ab, so erhält man in der Differenz die vorhandene Menge Chlornatrium.

1 Gewichtsteil Na Cl entspricht 0,5306 Gewichtsteilen Na_2O.

Der Gehalt des Wassers an Natron wird in Milligrammen Na_2O in 1 l angegeben.

Beispiele für die Berechnung.

Angewandt 500 ccm Abwasser.

1. Gesamtgewicht von Na Cl $+$ K Cl $= 0,2397$ g
2. Hieraus abgeschieden Pt Cl_4, 2 K Cl $= 0,4444$ »
3.   entsprechend . . K Cl $= 0,1358$ »
4.   »   . . $K_2O = 0,0858$ »
5. Differenz 1. — 3. $=$ . . Na Cl $= 0,1039$ »
         entsprechend . . $Na_2O = 0,0551$ »
     1 l Wasser enthält demnach $K_2O = 171,6$ mg
                      $Na_2O = 110,2$ » .

Phosphorsäure.

1—2 l des filtrierten Abwassers werden (eventuell nach Fällung der Metalle durch Schwefelwasserstoff) in einer großen Porzellanschale auf ca. 60 ccm abgedampft, der Rückstand wird mit Salpetersäure angesäuert, vollständig in eine Platinschale gebracht und nach Zusatz von ca. 0,1 g Salpeter und 0,3 g wasserfreier Soda zur Trockne verdampft. Hierauf glüht man vorsichtig über dem Pilzbrenner bis zum möglichst vollständigen Verbrennen der Kohle, weicht den Rückstand mit heißem Wasser auf und führt denselben unter Nachspülen mit salpetersäurehaltigem Wasser vollständig in eine Porzellanschale über. Man übersättigt mit Salpetersäure, dampft zur Trockne, säuert nochmals mit Salpetersäure an und verdampft wieder zur Trockne. Der Rückstand wird mit stark salpetersäurehaltigem Wasser aufgenommen, der Niederschlag abfiltriert und mit heißem Wasser ausgewaschen.

Zu dem etwa 100 ccm betragenden Filtrat setzt man 50 ccm Molybdänlösung (frisch gemischt, siehe »Reagentien und Lösungen«), erhitzt einige Minuten im Wasserbade auf 80° C., stellt die Mischung 6 Stunden an einen warmen Ort, filtriert den entstandenen Niederschlag ab und wäscht denselben mit verdünnter Molybdänlösung aus. Das erst angewendete Becherglas, an dessen Wandungen Teile des Niederschlages fest anhaften, wird alsdann unter den Trichter gestellt und der Niederschlag in ca. $2^{1}/_{2}$proz. Ammoniakwasser unter gleichzeitigem Auswaschen des Filters gelöst. Es wird soviel Ammoniakflüssigkeit verwendet, daß das Filtrat etwa 75 ccm beträgt. Zu dem ammoniakalischen Filtrat fügt man Salzsäure bis zur annähernden Neutralisation, läßt erkalten, setzt 5 ccm Ammoniak und dann unter fortwährendem Umrühren etwa 5 ccm Magnesiamixtur (in mäßigem Überschuß) hinzu. Nach Zusatz von 40 ccm 10 proz. Ammoniak läßt man bedeckt über Nacht stehen und filtriert dann ab. Der Niederschlag wird wie bei der Magnesiabestimmung weiter behandelt, er hat die Zusammensetzung $Mg_2P_2O_7$.

Berechnung.

1 Gewichtsteil $Mg_2P_2O_7 = 0,6398$ Gewichtsteilen P_2O_5.
Der Gehalt an Phosphorsäure wird angegeben in mg P_2O_5 in 1 l.

Tabelle Nr. 4.

Schwermetalle.

Prüfung auf Quecksilber, Blei, Kupfer, Arsen, Antimon, Zinn und Zink.

Ein Liter Abwasser mit HCl und wenig KClO₃ auf ca. 100 ccm eingedampft und filtriert. Filtrat in gelinder Wärme mit H₂S gesättigt. Niederschlag abfiltriert und mit H₂S-haltigem Wasser ausgewaschen.

Niederschlag				Lösung
Mit gelber Schwefelkaliumlösung erwärmt, filtriert und ausgewaschen				Mit essigsaurer Natron im Überschuß versetzt und mit H₂S gesättigt: weißer, feinflockiger Niederschlag von ZnS.
Rückstand		**Lösung**		
Mit wenig konz. HNO₃ erhitzt, nach Verdünnen mit Wasser filtriert		Mit HCl angesäuert, gelber bis orangeroter Niederschlag, gewaschen und mit wenig konz. Ammonium-karbonatlösung digeriert		
Rückstand [S, HgS, PbSO₄]	Lösung [Pb(NO₃)₂, Cu(NO₃)₂]	Rückstand [Sb₂S₃, SnS₂]	Lösung	
1. S. Verbrennt mit bläulicher Flamme. 2. HgS. In Königswasser aufgenommen, eingedampft, in Wasser gelöst, gibt mit wenig SnCl₂ einen weißen bis grauen, in HCl unlöslichen Niederschlag von Hg₂Cl₂. 3. PbSO₄. In Natronlauge gelöst, mit HNO₃ schwach angesäuert, gibt mit KJ gelbes, seidenglänzendes PbJ₂.	1. Pb(NO₃)₂. a) Die schwach salpetersaure Lösung gibt mit KJ gelbes, seidenglänzendes PbJ₂. b) Mit H₂SO₄ und Alkohol versetzt, fällt weißes PbSO₄. 2. Cu(NO₃)₂. Mit NH₃ Blaufärbung, sodann mit HCl angesäuert und mit Ferrocyankalium versetzt: Niederschlag von rotbraunem Ferrocyankupfer.	Mit HCl und wenig KClO₃ gelöst. Chlorfreies Filtrat: 1. Sb. Ein Tropfen auf Platinblech mit einem Zinkkorn in Berührung gebracht: schwarzer, in HCl unlöslicher Fleck von metallischem Antimon. 2. Sn. HCl-haltige Lösung mit Eisendraht digeriert, Filtrat mit wenig HgCl₂ erwärmt: weißer bis grauer, in HCl unlöslicher Niederschlag von Hg₂Cl₂.	Mit HCl angesäuert gelbe Fällung von As₂S₃. Kennzeichnung des As: Ausgewaschener Niederschlag in wenig rauchender HNO₃ gelöst, eingedampft und in Wasser aufgenommen: a) Mit Silbernitrat versetzt und mit NH₃ geschichtet: rotbraune Zone von arsensaurem Silber. b) Mit NH₃ übersättigt und mit Magnesiamischung versetzt: weißer kristallinischer Niederschlag von arsensaurem Ammonium-Magnesium.	

Der Nachweis des Arsens kann auch im ursprünglichen resp. dem mit Salzsäure eingedampften Wasser direkt erbracht werden. Man gibt die betreffende Flüssigkeit in ein kleines Kölbchen, setzt etwas reine Salzsäure und chemisch reines Zink hinzu und verschließt den Hals des Gefäßes lose durch einen mit Bleiessig mäßig durchfeuchteten Wattebausch, auf welchen man ein mit wenig Silbernitratlösung (1 + 1) betupftes und vor Licht geschütztes Stück Fließpapier legt. Bei Gegenwart von Arsen tritt sodann auf dem Papier ein intensiv gelber Fleck auf, der mit Wasser angefeuchtet sofort in Schwarz übergeht. Falls vorhandener Schwefelwasserstoff von Bleiessig nicht vollständig absorbiert wird, ruft dieses Gas eine analoge, zur Täuschung leicht Veranlassung gebende Färbung hervor.

Statt Silbernitratlösung kann auch Quecksilberchlorid (1 : 20) verwendet werden; die Färbung bei Anwesenheit von Arsen ist dann gelbbraun.

Anhaltspunkte für die Untersuchung von Schlammproben.

Bei der Abwasseruntersuchung kommen als Schlammproben Ablagerungen von festen Substanzen verschiedenster Natur in Betracht. Es kann sich dabei handeln um:

1. durch Oberflächenwasser fortgeschwemmten Straßenkehricht, Gesteinstrümmer und Humussubstanzen,
2. feste Abgänge aus menschlichen Haushaltungen,
3. mechanisch mitgerissene feste Industrieabfälle,
4. im Abwasser entstandene Niederschläge,
5. Anhäufungen tierischer und pflanzlicher Lebewesen des Abwassers,
6. künstlich durch Sedimentieren oder Fällungsmittel abgeschiedene suspendierte Stoffe (Klärbeckenschlamm).

Von diesen festen Substanzen werden die specifisch leichteren (z. B. Kotballen, Küchenabfälle) an der Oberfläche des Wassers schwimmen resp. als suspendierte Stoffe in der Schwebe gehalten, die specifisch schwereren dagegen an den Wandungen und Boden des Wasserbeckens resp. an hineinragenden festen Gegenständen in Form von Ablagerungen und Überzügen sich ansammeln. Unter gewissen Bedingungen, besonders wenn durch kräftiges Wachstum niederer Organismen entstandene Gase den am Boden angesammelten Schlamm auflockern, kann derselbe von seiner primären Ablagerungsstätte losgerissen werden und als Fladen an der Oberfläche des Wassers treiben.

Entnahme der Schlammproben.

Zur Entnahme und zum Transport der Schlammproben eignen sich am besten Glashäfen mit eingeriebenem Glasstopfen. Diese Gefäße sind mit dem Untersuchungsmaterial möglichst vollständig zu füllen, da sowohl manche anorganische Schlammbestandteile (z. B. Schwefeleisen) wie besonders auch die organischen Substanzen bei Luftzutritt ziemlich schnell Veränderungen erleiden. Intensive Belichtung übt auf vorhandene Organismen merklichen Einfluß (z. B. üppiges Wachstum von Grünalgen) aus.

Handelt es sich darum, in Abwässern, die an gewissen Stellen in bestimmter Zeit sich ablagernden Schlammmassen kennen zu lernen, so setzt man an den betreffenden Punkten offene Behälter (z. B. gebrauchte Konservenbüchsen) als Schlammfänger aus.

Untersuchung der Schlammproben.[1]

Bei der Untersuchung von Schlammproben aus den Abwässern wird es sich meistens darum handeln, Anhaltspunkte über die Art der Verunreinigung zu gewinnen. Geht man mit dem Gedanken um, den Schlamm für landwirtschaftliche Zwecke zu verwerten, so wird es notwendig sein, dessen Dungwert durch Analyse festzustellen. Auch die industrielle Nutzbarmachung einzelner Bestandteile (z. B. Fett) kann Veranlassung zur Untersuchung sein.

Bei der eigentlichen Untersuchung von Schlammproben sind deren allgemeine Eigenschaften, makro- und mikroskopisch wahrnehmbare Bestandteile festzustellen und außerdem kann eine chemische Analyse erwünscht sein.

1. Allgemeine Eigenschaften.

Äußere Beschaffenheit,

Konsistenz,

Farbe,

Geruch,

Reaktion,

Gasentwicklung,

Verhalten beim Lagern an der Luft und im Licht.

2. Makro- und Mikroskopische Untersuchung.

Die groben Bestandteile des Schlammes lassen sich meist rein mechanisch durch Schlemmen mit Wasser von den feineren Anteilen trennen.

---

[1] Angaben über Untersuchung von Schlammproben siehe: Holst, Geirsvold, Schmidt-Nielsen, Über die Verunreinigung des städtischen Hafens und des Flusses Akerselven durch die Abwässer der Stadt Christiania. Arch. f. Hygiene XLII., S. 153

Schon mit unbewaffnetem Auge findet man Sand, Gesteinstrümmer, Kohle, Holz, Haare, Gemüseabfälle, Korkreste, Papier und
Zeugfetzen und dgl. heraus. Auch im Abwasser lebende gröfsere Organismen tierischer und pflanzlicher Natur (Flohkrebse, Muscheln,
Schnecken, Würmer, Algen u. s. w.) lassen sich auf diese Weise erkennen.

Einen weiteren Einblick in die Zusammensetzung des Schlamms
wird dann die mikroskopische Untersuchung der feineren Anteile
bieten. Zu diesem Zwecke bringt man die von den groben Körpern
durch Aufschlemmen mit Wasser getrennten feinen Schlammteile in
Spitzgläser und untersucht den sich abscheidenden Bodensatz bei
schwacher Vergröfserung. Dabei werden sich neben Partikelchen von
den zuvor genannten groben Schlammbestandteilen in mehr oder
minder reichlichem Mafse gebildete Niederschläge und kleine Lebewesen (Insektenlarven, Würmer, Infusorien, Algen, Pilze, Hefezellen,
Bakterien u. dgl.) bemerkbar machen. Gerade das Studium der niederen Fauna und Flora eines Abwassers resp. Abwasserschlammes gibt
oftmals willkommenen Aufschlufs über die in Frage kommenden Verunreinigungen. Die Existenz einzelner dieser Lebewesen ist direkt
von dem Grade der Verunreinigungen abhängig.

Schnecken, Muscheln, Flohkrebse, Diatomeen und Grünalgen
können nur in relativ reinen Wässern vegetieren, bei stärkeren Verunreinigungen sterben diese Organismen ab und an ihrer Stelle finden
sich Würmer, Insektenlarven, Infusorien, Blaualgen, Pilze und Bakterien
vor. Bei hochgradiger Verunreinigung, z. B. Anwesenheit von direkten
Giften, wird häufig jedes organische Leben unmöglich gemacht.

Bemerkt sei, dafs in gewissen industriellen Abwässern ganz specifische Organismen angetroffen werden, z. B. bei Brennereien und
Brauereien Hefezellen.

Als Nachschlagwerke zum Studium der in Abwässern vorkommenden niederen Organismen dienen die Werke von: Kirchner-Blochmann,
Tiemann-Gärtner und Mez.

Eingehende Untersuchungen über die Fauna und Flora verun-
reinigter Wässer finden sich in den Arbeiten von Schmidtmann, Proskauer, Elsner, Wollny und Baier, sowie von Lindau, Schiemenz,
Marsson, Elsner, Proskauer und Thiesing (Vierteljahresschrift für ge-
richtl. Medizin. XVI. 1898 resp. XXII. 1901 Suppl.)

3. Chemische Untersuchung.

Durch direktes Trocknen des Schlammes in Platin- oder Porzellan-
schalen bestimmt man den Wassergehalt resp. die Trockensubstanz
und aus letzterer durch Veraschen die organischen und anorganischen
Bestandteile.

Kommt eine landwirtschaftliche Ausnutzung des Schlammes in Frage, so sind die als Düngemittel geschätzten Stoffe: Stickstoff, Phosphorsäure, Kali und ev. Kalk zu bestimmen und deren Dungwert durch Berechnung festzustellen. Erwünscht wird es zuweilen sein, die im Klärbeckenschlamm in nicht unbeträchtlichen Mengen enthaltenen Fette und deren Spaltungsprodukte (freie und an Basen gebundene Fettsäuren), deren Gewinnung bereits praktisch durchgeführt wird, kennen zu lernen. Soll Schlamm zum Zwecke der Demonstration aufgehoben werden, so läfst man denselben entweder an der Luft oder bei mäfsiger Wärme eintrocknen, oder man setzt der Masse direkt eine zur Konservierung genügende Menge Formalin zu.

Schwefelwasserstoff, Schwefeleisen im Schlamm.

Ein häufig anzutreffender Bestandteil des Schlammes mancher Gewässer ist das Schwefeleisen. Die Bestimmung des in demselben enthaltenen Schwefelwasserstoffes kann von Bedeutung für die Beurteilung der in dem betreffenden Gewässer sich etwa abspielenden Zersetzungsvorgänge sein.

Nachweis.

Einige Gramm des bei einem Gehalt an Schwefeleisen in der Regel schwarz aussehenden Schlammes oder Sandes werden in einem kleinen Kölbchen mit salzsäurehaltigem Wasser übergossen und durch Geruch und Bleipapier geprüft. Ist Schwefelwasserstoff zugegen, so erwärmt man bis zum Verschwinden des Schwefelwasserstoffgeruches, kühlt ab, filtriert und setzt zum Filtrat frisch bereitete Ferricyankaliumlösung hinzu. Bei Gegenwart von Eisenoxydulverbindungen (herrührend von dem zerlegten FeS) tritt eine dunkelblaue Fällung ein.

Schwefeleisen enthaltender Schlamm wird durch die Behandlung mit verdünnter Salzsäure heller.

Bestimmung.

Die Bestimmung des Schwefelwasserstoffes ist ohne Verzug auszuführen, da schon bei mäfsigem Zutritt von Luft und Licht durch Oxydation Verluste entstehen. Ist ein längerer Transport notwendig, so empfiehlt es sich, die den Schlamm enthaltenden Gefäfse mit dem zugehörigen Wasser bis zum Stopfen anzufüllen.

Sind exakte Bestimmungen auszuführen, so verfährt man nach der unter a) genannten gewichtsanalytischen Methode, handelt es sich um Massenuntersuchungen, welche lediglich untereinander vergleichbare Werte liefern sollen, so ist das mafsanalytische unter b) genannte Verfahren vorzuziehen.

a) die Bestimmung erfolgt mit Hilfe des abgebildeten Apparates. *A* ist ein weithalsiges Kölbchen von ca. 150 ccm Inhalt. Die Verbindung mit der Peligotschen Röhre *B* wird durch ein 10—12 mm

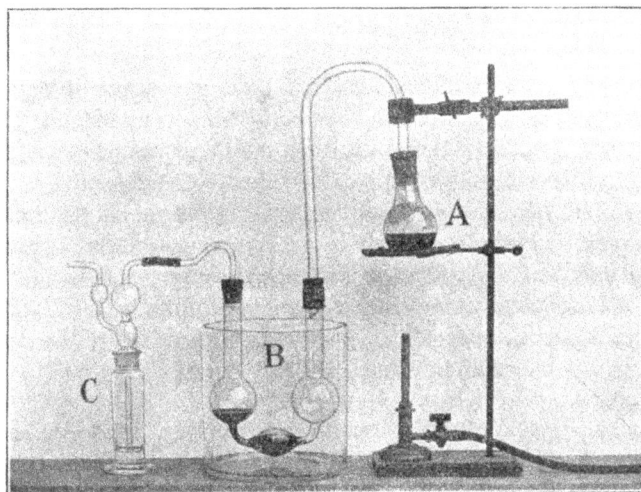

Fig. 4.

weites gebogenes Glasrohr bewirkt, welches bei *A* mit einem Gummistopfen, bei *B* mit einem gut schliefsenden Kork versehen ist. Der dichte Schlufs bei *B* wird durch Überziehen eines weiten Kautschukschlauches (Gummisauger) über das Ende des Rohres und den Stopfen gesichert.

10—20 g des frischen, feuchten Schlammes werden im Kölbchen *A* mit ca. 25 ccm ausgekochten Wassers übergossen; man fügt zwei erbsengrofse Stückchen reinen Marmors und ca. 5 ccm Salzsäure hinzu und setzt das Kölbchen sofort an den Apparat. Die Peligotsche Röhre ist vorher mit einer Lösung von Brom in einer gesättigten Lösung von Natriumkarbonat (ca. 2 ccm Brom in 100 ccm Natriumkarbonatlösung) beschickt worden. Die Waschflasche *C* enthält nur Natriumkarbonatlösung.

Nachdem durch die Kohlensäureentwicklung die Luft in dem Kölbchen durch Kohlensäure ersetzt ist, erhitzt man langsam zum Sieden und destilliert etwa die Hälfte der Flüssigkeit unter Kühlung der Peligotschen Röhre ab. Hierauf wird der Inhalt der Vorlage sorgfältig in ein Becherglas übergeführt, mit Salzsäure angesäuert, einige Zeit zur Beseitigung der Hauptmasse des Broms gekocht, und die gebildete Schwefelsäure mit Chlorbaryum gefällt.

4

In der Regel tritt beim Ansäuern der durch ausgeschiedenen Schwefel getrübten alkalischen Lösung sofort völliges Klarwerden ein; ballt sich der Schwefel bei ungenügendem Bromüberschufs zusammen, so ist unter Bromzusatz bis zur völligen Oxydation zu erhitzen.

1 Gewichtsteil $BaSO_4$ entspricht 0,1459 Gewichtsteilen H_2S oder 0,1375 Gewichtsteilen S.

b) 10—20 g des frischen, feuchten Schlammes werden in einer stark-wandigen, weithalsigen Flasche von ca. 250 ccm Inhalt mit 180 ccm ausgekochten Wassers übergossen. Hierauf fügt man 20 ccm konzentrierte Salzsäure hinzu, verschliefst sofort das Gefäfs mit einem fest-sitzenden dichtschliefsenden Stopfen und läfst ca. 10 Minuten unter mehrmaligem Umschütteln stehen. Man setzt sodann 5 ccm Jod-kaliumlösung von 10% und $^1/_{20}$ Normaljodlösung im Überschufs hinzu und titriert nach Zusatz von Stärkelösung als Indikator mit $^1/_{20}$ Normal-Thiosulfat sofort zurück.

1 ccm $^1/_{20}$ Normaljodlösung = 0,00085 g H_2S.

Manche Schlammproben entwickeln infolge ihres Gehaltes an kohlensaurem Kalk so reichlich Kohlensäure, dafs Vorsicht geboten ist.

Beide Methoden sind nicht fehlerfrei, insofern als z. B. ein Gehalt der Probe an Eisenoxyd Verluste an Schwefelwasserstoff bedingen kann, während anderseits leicht abspaltbare flüchtige Schwefelverbin-dungen bei der Destillationsmethode als Schwefelwasserstoff bestimmt werden.

Einige vergleichende Versuche nach beiden Methoden ergaben folgende Werte:

	Gefunden H_2S nach Methode	
	a	b
	$\%$	$\%$
Schlamm an der Mündung eines Sieles	0,125	0,109
Schwarzer Sand	0,029	0,032
Feiner schwarzbrauner Schlamm . . .	0,0233	0,0234
Thonhaltiger Schlamm	0,045	0,043.

Bestimmung des Gesamtfettes im Schlamm.

Im Schlamm der Abwässer sind ätherlösliche Körper enthalten, die der Hauptsache nach aus Neutralfett, freien, sowie an Alkalien und alkalische Erden gebundenen Fettsäuren und unverseifbaren Sub-stanzen bestehen. Die Menge derselben — hier kurzweg als Gesamt-fett bezeichnet — ist eine so beträchtliche, dafs deren Gewinnung nach dem Verfahren von Degener[1]) in der Kläranlage der Stadt Kassel bereits praktisch durchgeführt wird. Nach den Untersuchungen von Höpfner und Paulmann[2]) und nach gütiger privater Mitteilung des letzteren wies der im Laufe des Winterhalbjahres 1901—1902 täglich untersuchte Schlamm aus genannter Anlage 11,0—26,0%, im Mittel 18,0%, Gesamtfett in der Trockensubstanz auf. Ähnliche Resultate (10,7—27,2%, im Mittel 18,1%) gaben 12 Proben aus Frankfurt a. M. Ein Sedimentierschlamm aus einer englischen Stadt, bei welcher allerdings Abwasser von Wollwäschereien mit in Betracht kommen, enthielt sogar 60% Fett in der Trockensubstanz.

Zur Bestimmung des Gesamtfettes in einem Klärbeckenschlamm versetzt man eine Durchschnittsprobe desselben solange mit verdünnter Schwefelsäure, bis Kongopapier eine schwach saure Reaktion anzeigt, und dampft, nachdem man den Schlamm durch Erhitzen auf 100⁰ zum Koagulieren gebracht hat, zur Trockne ein. Der Rückstand wird bei 100⁰ getrocknet, nach dem Zerreiben gut gemischt und in Mengen von 5 bis 25 g im Soxhlet'schen Apparate mit Äther erschöpft. Der nach dem Verdunsten des Äthers verbleibende Extraktionsrückstand gelangt nach zweistündigem Trocknen bei 100⁰ zur Wägung.

Bemerkungen über die Untersuchung von Gasen.

Gasanalytische Arbeiten sind notwendig, um die Zusammensetzung derjenigen gasförmigen Produkte kennen zu lernen, welche durch Zersetzung von Sinkstoffen, z. B. von Schlamm in Sielen, verunreinigten Gewässer und Klärbecken sich bilden. Aus derartigen, an organischen Stoffen reichen Massen entwickeln sich durch Einwirkung von Mikroorganismen, besonders in wärmerer Jahreszeit, übelriechende, leicht entzündbare Gase, die neben grofsen Mengen Kohlenwasserstoff auch CO_2, CO, H_2S, N und andere Gase enthalten. Will man bei der biologischen Abwasserreinigung die Vorgänge in den Oxydationskörpern kennen lernen, so ist zuweilen die Untersuchung der im Filtermaterial befindlichen Luft, die sich von der Luft der Atmosphäre durch einen geringeren Gehalt an Sauerstoff und durch eine Anreicherung von Kohlensäure unterscheidet, erwünscht. Aus Schlammmassen aufsteigende Gasblasen fängt man in einem grofsen umgestülpten Trichter, der mit

---

[1]) D. R. P. Nr. 122 921 der Maschinenbau-Aktiengesellschaft von Beck & Henkel in Kassel.

[2]) Mitteilungen der Kgl. Prüfungsanstalt für Wasserversorgung und Abwasserbeseitigung 1902, Heft 1, S. 146.

Gummischlauch und Quetschhahn versehen ist, auf und führt dieselben direkt in die zur Untersuchung dienenden Instrumente über.
Kann die Untersuchung der Gase nicht an Ort und Stelle erfolgen,
so läfst man die im Trichter angesammelten Gase in eine als Gasometer montierte Flasche eintreten, in welcher sodann der Transport
erfolgt. Bei Oxydationskörpern treibt man direkt in die Filtermasse
ein enges eisernes Rohr und führt in dieses ein Glasrohr ein, durch
welches dann die zu untersuchende Luft direkt entnommen oder einem
Gasometer zugeführt wird. Enthält das Gasgemenge lediglich Kohlensäure, Sauerstoff, Kohlenoxyd und Stickstoff, so behandelt man dasselbe der Reihe nach mit Natronlauge, alkalischer Pyrogallussäure-
lösung und ammoniakalischer Kupferchlorürlösung; der nicht absorbierte Rest ist Stickstoff. Sind Kohlenwasserstoffe zugegen, so sind
zunächst die oben genannten absorbierbaren Bestandteile des Gemenges
zu entfernen und die Kohlenwasserstoffe nach der Explosionsmethode
zu ermitteln. Schwefelwasserstoff läfst sich durch direkte Titration mit
$1/_{100}$ Jodlösung bestimmen. Die quantitative Bestimmung von Kohlensäure, Sauerstoff und Kohlenoxyd kann in einer einfachen Bunteschen
Bürette bewerkstelligt werden. Den gleichen Zweck erfüllen die Gasbürette und Absorptionspipetten von Hempel, sowie der Orsatsche
Apparat. Zum Verbrennen des Kohlenwasserstoffes ist eine Hempel-
sche Explosionspipette notwendig. Auch an der Bunteschen Bürette
und am Orsatschen Apparate lassen sich Vorrichtungen zum Ent-
zünden des Kohlenwasserstoffes anbringen. Nähere Angaben über die
Ausführung der Untersuchungen, die Konstruktion und Handhabung
der genannten Instrumente finden sich in den speziellen Werken über
Gasanalyse.[1] [2] [3]

Anhaltspunkte für die Beurteilung der Abwässer
auf Grund der Ergebnisse der chemischen Untersuchung.

Auf Seite 1 sind die wichtigsten der durch die chemische Untersuchung der Abwässer zu beantwortenden Fragen wie folgt formuliert
worden:

1. In welchem Grade ist das Abwasser durch Fäkalien, Abgänge
aus Haushaltungen etc. oder durch Fabrikabgänge verschmutzt? Welche

[1] Leybold, Beiträge zur technischen Gasanalyse mittels der Bunteschen
Gasbürette. Journ. f. Gasbel. und Wasservers. 1890, S. 239.

[2] Lunge, Chemisch-technische Untersuchungsmethoden. Berlin 1899,
J. Springer.

[3] Hempel, Gasanalytische Methoden. Braunschweig 1900, Vieweg.

Schädigungen können durch direktes Einleiten des verschmutzten Wassers in öffentliche Gewässer in sanitärer oder wirtschaftlicher Hinsicht entstehen?

2. Inwieweit hat das angewandte Reinigungsverfahren die Beschaffenheit des Wassers verändert? Kann das gereinigte Wasser ohne Bedenken öffentlichen Gewässern zugeführt werden?

3. Welche Mengen landwirtschaftlich oder industriell verwertbarer Stoffe enthält das Abwasser?

4. Wissenschaftliche Fragen.

Mit den folgenden Ausführungen bezwecken wir, dem Fernerstehenden einige Anhaltspunkte für die Beantwortung der unter 1. und 2. genannten Fragen zu liefern.

Zu 1. Abwässer von Städten mit verhältnismäßig wenig Industrie sind in erster Linie durch die von den Fäkalien und Haushaltungen herrührenden organischen Stoffe gekennzeichnet, jedoch sind auch bestimmte anorganische Bestandteile in solchen Abwässern in reichlicheren Mengen enthalten als in den in Frage kommenden reinen Wässern.

Der Grad der Verschmutzung durch organische Stoffe findet einen Ausdruck zunächst in den grobsinnlich wahrnehmbaren Eigenschaften, wie Farbe, Durchsichtigkeitsgrad und Geruch. Lassen wir ein schon äußerlich als verschmutzt erkennbares Wasser einige Tage in verschlossener Flasche stehen, so geht es in der Regel in stinkende Fäulnis über.

Zahlenmäßig äußert sich diese Verschmutzung bei der chemischen Analyse besonders in der Erhöhung der Werte für die Oxydierbarkeit, den Glühverlust, den Stickstoff in seinen Bindungsformen als organischer Stickstoff, als Albuminoidammoniak und Ammoniak und für den organischen Kohlenstoff.

Solche Abwässer sind in frischem Zustande meist fast frei von Salpetersäure oder salpetriger Säure und weisen in der Regel auch nur einen sehr geringen Gehalt an gelöstem Sauerstoff auf. Sie sind meist im stande, Nitrate zu reduzieren und gelösten Sauerstoff zum Verschwinden zu bringen. Diese, ihre reduzierende Wirkung hängt bis zu einem gewissen Maße ab von dem Grade der Verschmutzung.

Von den anorganischen Salzen stehen in erster Linie Chloride und Phosphate im Zusammenhang mit dem Grade der Verschmutzung.

Falls industrielle Abwässer in Frage kommen, so lassen sich bestimmte allgemeine Angaben nicht machen.

Die Frage, welche Schädigungen in sanitärer und wirtschaftlicher Hinsicht durch Einleiten verschmutzten Wassers in öffentliche Gewässer entstehen können, ist aus der Analyse allein niemals zu beantworten, von höchster Bedeutung ist hier die Beschaffenheit des betreffenden Gewässers selbst.

Zu 2. Die Veränderungen, welche ein Abwasser durch einen wirksamen Reinigungsprozeß erfahren hat, kommen in erster Linie zum Ausdruck in einer Verminderung der Oxydierbarkeit, des Glühverlustes, des organischen Stickstoffes, des Albuminoidammoniaks und des organischen Kohlenstoffes.

Vielfach, so z. B. bei der Reinigung durch Rieselfelder oder durch andere biologische Verfahren findet eine weitgehende Nitrifikation statt, so daß die so gereinigten Abwässer oft reichliche Mengen von Nitraten (und Nitriten) enthalten.

Unbeeinflußt, bezw. wenig beeinflußt bleibt, abgesehen von eintretenden Verdünnungen, der Gehalt an Chloriden, während der Gehalt an Phosphaten bei manchen Verfahren (Berieselung) sehr stark herabgesetzt wird.

Die durch den Reinigungsvorgang bewirkte Herabsetzung der Werte für Oxydierbarkeit, Glühverlust, organischen Stickstoff und Kohlenstoff und für Albuminoidammoniak erfolgt bei normalen Abwässern nach zahlreichen im hiesigen hygienischen Institut ausgeführten Untersuchungen[1]) annähernd in dem gleichen Maße. Es genügt daher im allgemeinen von den genannten Werten nur einen zu bestimmen; wegen ihrer Handlichkeit und Sicherheit wählt man vorteilhaft die Methode der Bestimmung der Oxydierbarkeit nach Kubel.[1])[2])

Die durch das biologische Reinigungsverfahren erzielte Herabsetzung der genannten Werte beträgt sowohl bei städtischen als auch bei manchen industriellen Abwässern 60—75% oder mehr.

Die Frage, welche Eigenschaften ein gereinigtes Abwasser haben muß, um dasselbe ohne Bedenken öffentlichen Gewässern zuführen zu können, befindet sich gegenwärtig in lebhaftem Flusse, so daß feste Normen noch nicht aufgestellt werden konnten.

In England, wo die Notwendigkeit der Reinigung der Abwässer schon seit längerer Zeit als dringend erkannt ist, neigt man dazu, absolute Werte als Gradmesser für die Reinheit der Abflüsse zu verwenden. Das »Mersey and Irwell Joint Committee« verlangt von einem guten Abwasser, daß dasselbe weniger als 1 Grain pro Gallone (14,2 mg pro Liter) Sauerstoff beim Four Hours Test verbraucht und weniger als 0,1 Grain pro Gallone (1,42 mg pro Liter) Albuminoid-

―――――

[1]) Dunbar und Thumm, Abwasserreinigungsfrage. München 1902, Verlag von R. Oldenbourg.

[2]) Fränkel, Frank, Mayrhofer, Vierteljahrsschr. f. ger. Medizin 1897, XIV, S. 400 ff.

ammoniak entwickeln soll. Von anderer Seite wird die Anforderung
gestellt, daſs der Gehalt an Albuminoidammoniak unter 1 mg pro
Liter liegen soll und Nitrate nachweisbar sein sollen. Von dritter
Seite wird auſserdem ein Minimalgehalt von 5 mg Salpeterstickstoff
pro Liter und das Bestehen des Incubator Tests verlangt.

Von ganz anderen Gesichtspunkten gehen Dunbar und Thumm[1]
aus. Aus einer groſsen Anzahl von Beobachtungen leiteten diese
Autoren den Satz ab, daſs man, »sofern es sich um die Reinigung
normaler städtischer Abwässer mittels biologischer Verfahren handelt,
darauf rechnen darf, daſs das erzielte Reinigungsprodukt der stinken-
den Fäulnis nicht mehr zugänglich ist, sofern eine Herabsetzung der
Oxydierbarkeit, des organischen Stickstoffs, bezw. Albuminoidammoniaks
oder des Glühverlustes des Abdampfrückstandes um 60—65% oder
mehr erreicht wird.«

Dunbar und Thumm[1] stellen unter bestimmten Voraussetzungen
auf Grund der obigen Untersuchungen, sowie ihrer sonstigen Erfahrungen an Abwässer, welche öffentlichen Gewässern zugeführt
werden sollen, die Anforderungen, daſs

»1. die ungelösten Schmutzstoffe ganz bezw. bis auf einige Pro-
zente entfernt sind;

2. das Reinigungsprodukt bei etwa einwöchentlichem Stehen in
geschlossenen Flaschen bei einer Temperatur von etwa 20° C. einen
fauligen Geruch bezw. einen Geruch nach Schwefelwasserstoff nicht
annimmt. (Eventuell wäre durch Bleipapier auf Schwefelwasserstoff
zu prüfen);

3. die Oxydierbarkeit, verglichen mit dem filtrierten Rohwasser,
bestimmt nach Kubel, um etwa 60—65% oder mehr herabgesetzt ist;

4. Fische in dem unverdünnten Reinigungsprodukt nicht zu
Grunde gehen.«

Zur Anwendung dieser Normen würde es notwendig sein, die
Beschaffenheit sowohl des gereinigten als auch des ungereinigten
Wassers zu kennen, eine Vorbedingung, welche nur bei bestimmten
Methoden der Reinigung erfüllbar ist.

Es würde daher von groſsem Werte sein, eine einfache Reaktion
zu besitzen, mit Hilfe deren mit einiger Sicherheit die Fäulnisfähig-
keit eines Abwassers ermittelt werden könnte. In Betracht kommen
hier die Biuretreaktion (Natronlauge und verdünnte Kupfersulfatlösung), die Reaktion nach Millon (stickstoffdioxydhaltige saure Lösung
von Quecksilbernitrat) und die Grieſssche Reaktion mit Diazobenzol-
sulfosäure. Nach bislang noch nicht abgeschlossenen Untersuchungen
im hiesigen hygienischen Institut ist Millons Reagens mit bestimmten
Einschränkungen für diesen Zweck vielleicht verwendbar.

[1] a. a. O. S. 18, 19.

Charakteristische Bestandteile industrieller Abwässer.

Acetylenanlagen: Kalkhydrat.

Anilin- bezw. Teerfarbenfabriken: Freie Mineralsäuren, Phenole, Naphtole, Nitroverbindungen, Sulfosäuren und dergl. Ev. Arsen.

Asphaltfabriken: Ammoniak, Phenole, Kresole.

Bleichereien: Chlorkalk, Chlorcalcium, Gips, daneben freie Säuren oder Alkalien und Fettsäuren.

Bleiwerke: Bleihaltiger Schlamm.

Brauereien; Brennereien und Prefshefefabriken: Leicht faulende und widerlich riechende Abwässer. Fragmente vom Aus-gangsmaterial. Organische Säuren (Essigsäure, Milchsäure), Kohle-hydrate, Hefezellen, Rasen von Leptomitus an festen Gegenständen, viele Bakterien und gröfsere Infusorien.

Blutlaugensalzfabriken: Cyan- und Schwefelverbindungen.

Braunsteingruben: Braunsteintrübe (feiner Braunsteinschlamm mit Quarzflittern, zuweilen arsen- und kupferhaltig).

Chromatfabriken: Chromate.

Chlorkalkfabriken: Manganchlorür, Eisenchlorid, freie Salz-säure, freies Chlor, Arsen, Chlorcalcium, Chlormagnesium, Chlor-aluminium nebst Chlornickel und Chlorkobalt.

Cölestin und Strontianitgruben: Strontian, Kalk, Magnesia, an Schwefelsäure resp. Kohlensäure gebunden.

Drahtziehereien: Freie Mineralsäure, Eisenchlorid, Eisen-sulfat, eisenoxydhaltiger Schlamm.

Erdöldestillation: Erdölprodukte.

Farbwerke (Mineralfarben): Fast sämtliche durch Schwefel-wasserstoff fällbare Metalle, freie Säuren, Alkalien und giftige Gase.

Färbereien: Beizen, Farbstoffe, häufig im Schlamm nieder-geschlagene Farbstoffe und Metallverbindungen.

Federreinigungsanstalten: Federteilchen, Dung, Stroh.

Flachsrotten: Organische Säuren (Buttersäure, Propionsäure, Essigsäure) und leicht zersetzbare organische Stickstoffverbindungen.

Galvanisierwerke: Freie Säuren, Calcium-, Magnesium-, Eisen- und Zinksalze. Zuweilen Cyankalium.

Gasfabriken und Cokereien: Ammoniakverbindungen (kohlensaures, schwefelsaures, unterschwefligsaures, Chlor-, Schwefel-, Cyan-, Rhodan-, Ferrocyanammonium), teerige Stoffe, Phenole, eventuell Rhodan- und Schwefelcalcium.

Gerbereien: Leicht fäulnisfähige, organische Substanzen, Loh-
brühe, andere Gerbeflüssigkeiten, Chlornatrium, Schwefelcalcium,
Arsen. Eventuell Milzbrandkeime.

Holzessigfabriken: Kresol, sonstige Teersubstanzen, Chlorcalcium.

Kaliindustrie- und Kaliwerke (Sol- und Mineralquellen):
Viel Chlornatrium, daneben Chloride von Kalium, Magnesium und
Calcium, ferner Calcium- und Magnesiumsulfat.

Kiesabbrände aus Schwefelsäurefabriken: Eisen-, Zink-,
Kupfersulfat, freie Schwefelsäure, Arsen.

Kohlengruben (Braun- und Steinkohlen), Kohlen-
wäschereien: Chloride von Natrium, Kalium, Magnesium, Calcium,
Baryum und Strontium. Eisen- und Thonerdesulfat, freie Schwefelsäure,
Ausscheidungen von Eisenoxyd, thoniger Schlamm und Kohlenstaub.

Kupferhütten: Freie Säure, Kupfervitriol, Chlorcalcium.

Metallwarenfabriken: Die verschiedenen Metalle und eventuell Mineralsäuren.

Molkereien: Seifen, Fett, Eiweifsstoffe, Milchzucker.

Nickelfabriken: Nickel, Kupfer, Zink.

Nitrocellulose- und Dynamitfabriken: Schwefelsäure,
Salpetersäure und Kalk.

Papier- und Pappenfabriken: Viele organische Stoffe (Cellu-
lose, Lumpenreste), Leim, freie schweflige Säure, Chlorkalk, Ätzkalk,
Thonerde, Mineralfarben.

Paraffinfabriken: Öle, Säuren, Alkalien.

Pikrinsäurefabriken: Pikrinsäure.

Pottaschefabriken (nach System Leblanc): Analoge Verunreinigungen wie bei Soda.

Schlachtereien: Dung, Inhalt der Eingeweide, Blut, Fett,
Fleischreste. Eventuell pathogene Keime (Milzbrand).

Schlackenhalden von Eisenwerken: Lösliche Schwefelverbindungen (Schwefelcalcium, -Kalium und deren Oxydationspro-
dukte).

Schwefelkiesgruben: Freie Schwefelsäure, Eisensulfat neben
Zink-, Calcium-, Magnesiumsulfat und Alkalichlorid.

Seifenfabriken: Fettreste, Seifen, Laugen, Kochsalz, Glycerin.

Sodafabriken:
a) System Leblanc: Schwefelcalcium, Schwefelnatrium,
unterschwefligsaures Calcium, schwefligsaures Calcium,
Schwefeleisen, Ätzkalk, Arsen. Im Schlamm freier Schwefel.
b) Ammoniakverfahren: Viel Chlornatrium, Chlorcalcium, Calciumsulfat, Calciumkarbonat.

Stärkefabriken:

Häufig Leptomitus am Flufsufer und im abgelagerten Schlamm Beggiatoa.

1. Kartoffelstärke: Schlamm von der Wäsche (Humussubstanzen, Kartoffelkeime und -wurzeln, sowie andere Gewebereste). Fruchtwasser und Stärkewaschwasser mit den löslichen Bestandteilen der Kartoffel (darunter viele leicht zersetzbare organische Stoffe), Stärke- und Gewebereste.

2. Weizen- und Reisstärke: Analoge Verunreinigungen im Fruchtwasser und Stärkewaschwasser. Beim Säureverfahren reich an organischen Stoffen (auch Säuren) meist milchig getrübt, sauer und sehr leicht fäulnisfähig.

3. Maisstärke: Fäulnisfähige organische Stoffe, Kochsalz.

Superphosphatfabriken: Chlorcalcium, freie Mineralsäuren.

Ultramarinfabriken: Natriumsulfat, eventuell Soda und Ätznatron.

Wollwäschereien und Tuchfabriken: Wollfaser, Fett, Wollschweifs, Chemikalien und sonstige Mittel zum Reinigen und Zubereiten (Arsen, Alaun, Thonerde, Weinstein, Zinnsalze, Soda, Seifen, Haare, Öl, Blut, Leim, Kot, Farben).

Verzinkereien und Verzinnereien: Beizen, freie Salzsäure.

Zinkblendegruben, Galmeiwerke: Zinkvitriol, Zinkbikarbonat.

Zuckerfabriken: Zucker und die übrigen löslichen Bestandteile des Rübensaftes: Kalisalze organischer Säuren (Essigsäure, Buttersäure, Milchsäure), Asparagin, Glutamin, Albumosen und Zersetzungsprodukte des Eiweifses, gelöste und suspendierte Pectinstoffe. Häufig die Abwasserpilze: Leptomitus und Sphärotilus in grofsen Massen.

Reagentien und Lösungen.

Barytwasser. 80 g alkalifreies Baryumhydroxyd in 5 l Wasser gelöst, werden nach dem Filtrieren vor Kohlensäure geschützt aufbewahrt.

Brucinschwefelsäure. 0,5 g krystallisiertes Brucin in 200 ccm reiner Schwefelsäure vom spezifischen Gewichte 1,840.

Chlorammoniumlösung. (1 ccm = 1 mg NH_3). 3,141 g reines, fein zerriebenes und bei 100° getrocknetes Ammoniumchlorid im Liter. Für NH_3-Bestimmungen auf das zwanzigfache zu verdünnen.

Diazobenzolsulfosäurelösung. Beim Gebrauch durch Auflösen in Wasser von 60 bis 70° frisch zu bereiten.

Eisenalaunlösung. (1 ccm = 0,1 mg Fe_2O_3.) 0,6291 g reines,
zwischen Fließpapier gepreßtes, hellviolettes Kaliumferrisulfat (K_2SO_4,
$Fe_2(SO_4)_3 + 24 H_2O$) unter Zusatz von 1 ccm Salzsäure im Liter.

Jodlösung $^1/_{10}$ Normal. 13,0 g reines, umsublimiertes und im
Exsiccator getrocknetes Jod, 20 g Jodkalium werden in 20 ccm Wasser
gelöst und zum Liter aufgefüllt.

Einstellung gegen $^1/_{10}$ Normal-Natriumthiosulfatlösung.

Jodlösung $^1/_{20}$ und $^1/_{100}$ Normal. Durch Verdünnen der
$^1/_{10}$ Normallösung.

Jodzinkstärkelösung. 4 g Stärke, 20 g Zinkchlorid und
100 ccm Wasser werden unter Ersatz des verdampfenden Wassers bis
zur fast klaren Lösung gekocht. Nach dem Erkalten fügt man Zink-
jodidlösung, die man durch Erwärmen von 1 g Zinkfeile mit 2 g Jod
und 10 ccm Wasser frisch dargestellt hat, hinzu, verdünnt zu einem
Liter und filtriert.

Kaliumchromatlösung. 1 Teil chlorfreies Kaliumchromat
in 9 Teilen Wasser.

Kaliumnitratlösung. (10 ccm = 1,0 mg N_2O_5.) 0,1871 g reines,
trockenes Kaliumnitrat im Liter.

Kaliumpermanganatlösung für die »Vierstundenprobe«.
(10 ccm = 1 mg Sauerstoff.) 0,395 Kaliumpermanganat im Liter s. S. 13.

Kaliumpermanganatlösung ca. $^1/_{10}$ Normal. 3,16 g Kaliumpermanganat im Liter.

Einstellung gegen $^1/_{10}$ Normal-Oxalsäure.

Kaliumpermanganatlösung ca. $^1/_{100}$ Normal. Durch Verdünnen der $^1/_{10}$ Normal-Kaliumpermanganatlösung.

Titerstellung gegen $^1/_{100}$ Normal-Oxalsäurelösung (siehe S. 11).

Magnesiamischung. 68 g Chlormagnesium und 165 g Chlor-
ammonium werden in Wasser gelöst, mit 260 ccm Ammoniak vom
spezifischen Gewichte 0,96 versetzt und auf 1 l aufgefüllt.

Manganchlorürlösung. 80 g krystallisiertes, eisenfreies Manganchlorür im abgekochten Wasser zu 100 ccm.

Millonsches Reagens. 1 Teil Quecksilber wird in 1 Teil rauchen-
der Salpetersäure oder Salpetersäure vom spezifischen Gewichte 1,4
gelöst und mit 2 Teilen Wasser verdünnt.

Beim Gebrauche wird die klare Flüssigkeit von den etwa abgeschiedenen Krystallen abgegossen.

Molybdänlösung. a) 150 g Ammoniummolybdat in Ammoniak
von 1 % NH_3 zum Liter gelöst; b) Salpetersäure vom spec. Gew. 1,2.
Zum Gebrauch ist 1 Raumteil der Lösung a in 1 Raumteil der Säure b
zu gießen.

Molybdänlösung, verdünnt, zum Auswaschen. 50 ccm der ammoniakalischen Molybdänlösung a, 70 ccm der Säure b und 80 ccm Wasser.

Natronlauge $^1/_{10}$ Normal. Reines Ätznatron wird in gleichen Teilen Wasser gelöst und nach dem Absetzen klar abgegossen. Ca. 9 g dieser Lösung werden mit abgekochtem Wasser zum Liter verdünnt und mit $^1/_{10}$ Normal - Oxalsäure oder $^1/_{10}$ Normal - Schwefelsäure eingestellt.

Natronlauge. (Für Sauerstoffbestimmung.) 33 g reines Ätznatron in Wasser zu 100 ccm gelöst.

Natriumnitritlösung. (1 ccm = 0,01 mg N_2O_3.) 0,20 g reines Natriumnitrit werden im Liter gelöst und nach Feststellung des Gehaltes an salpetriger Säure derartig verdünnt, dafs 1 ccm 0,01 mg N_2O_3 enthält; der Gehalt an N_2O_3 wird mit Hilfe von Permanganat ermittelt. Zu diesem Zwecke verdünnt man 20 oder 25 ccm $^1/_{100}$ Normal- Kaliumpermanganatlösung mit der fünffachen Menge Wasser, erwärmt nach dem Ansäuren mit Schwefelsäure auf ca. 40º und läfst von der einzustellenden Natriumnitritlösung so lange zufliefsen, bis die Entfärbung soeben eingetreten ist. Dabei entspricht 1 ccm $^1/_{100}$ Normal-Kaliumpermanganatlösung 0,19 mg salpetriger Säure (N_2O_3).

Natriumthiosulfatlösung $^1/_{10}$ Normal. 24,8 g zerriebenes, zwischen Fliefspapier getrocknetes, reines Natriumthiosulfat im Liter.

Zur Einstellung verdünnt man in einem Kolben 20 ccm einer Kaliumdichromatlösung (4,9 g reines und bei 100º getrocknetes Salz in 1000 ccm) mit 100 ccm Wasser, setzt etwa 1 g Jodkalium hinzu, säuert mit 5 ccm konz. Salzsäure an und titriert nach einigen Minuten das ausgeschiedene Jod mit der einzustellenden Natriumthiosulfatlösung unter Verwendung von Stärkelösung als Indikator zurück.

Wenn die Thiosulfatlösung genau $^1/_{10}$ normal ist, so werden hierbei von derselben bei Anwendung von 20 ccm obiger Kaliumdichromatlösung genau 20 ccm verbraucht.

Natriumthiosulfatlösung $^1/_{100}$ Normal. Durch Verdünnen der $^1/_{10}$ Normallösung.

Natriumthiosulfatlösung für die »Vierstundenprobe«. (5 ccm = 10 ccm Permanganatlösung = 1 mg Sauerstoff) 7 g Natriumthiosulfat in 1 l (s. S. 13).

Nefslers Reagens. Zu einer Lösung von 10 g Jodkalium in 10 g Wasser trägt man in kleinen Portionen so lange Quecksilberbijodid (ca. 17 g) ein, bis sich davon nichts mehr auflöst und fügt sodann eine abgekochte Lösung von 75 g Ätzkali in 450 ccm Wasser hinzu. Nach dem Absetzen wird das Reagens durch Asbest filtriert und vor Licht geschützt aufbewahrt.

Oxalsäure $1/_{10}$ Normal. 6,3 g durch Umkrystallisieren gereinigte und zwischen Fliefspapier geprefste Oxalsäure im Liter.

Oxalsäure $1/_{100}$ Normal. Durch Verdünnen der $1/_{10}$ Normallösung.

Rhodanammoniumlösung. 1 g Rhodanammonium in 9 ccm Wasser.

Schwefelsäure $1/_{10}$ Normal. Ca. 5,5 g reine Schwefelsäure vom specifischen Gewichte 1,84 im Liter.

Die Einstellung erfolgt gegen eine Natriumkarbonatlösung von bekanntem Gehalte, die man durch schwaches Glühen von etwa 1,5 g chemisch reinem Natriumbikarbonat im Platintiegel bis zum konstanten Gewichte und Auflösung des gesamten, aus Na_2CO_3 bestehenden Rückstandes von genau bekanntem Gewicht zu 250 ccm erhält. 50 ccm dieser Natriumkarbonatlösung werden mit der einzustellenden Schwefelsäure unter Anwendung von Methylorange als Indikator titriert. 1 ccm $1/_{10}$ Normalschwefelsäure neutralisiert dabei 0,0053 Na_2CO_3.

Schwefelsäure $1/_{100}$ Normal. Durch Verdünnen der $1/_{10}$ Normallösung.

Silbernitratlösung. (1 ccm = 1 mg Chlor.) 4,794 g reines krystallisiertes Silbernitrat im Liter.

Einzustellen gegen eine Kochsalzlösung, die 1,6497 g reines, verknistertes Chlornatrium im Liter enthält.

Sodanatronlauge. Eine Lösung von 100 g krystallisiertem Natriumkarbonat und 50 g Ätznatron in 300 ccm Wasser wird unter Ersatz des verdampfenden Wassers so lange erhitzt, bis eine erkaltete Probe derselben, mit ammoniakfreiem Wasser verdünnt, nicht mehr mit Nefslers Reagens sich färbt.

Schema für die Berechnung und Journalisierung.

Journ. Nr. .... Eingegangen ....

Herkunft des Wassers: Erledigt.......... ....

	Physikalische Eigenschaften			Mikroskopische bezw. chemische Untersuchung des Bodensatzes nach .... Tagen
	bei der Entnahme	nach 5 Tagen	nach 10 Tagen	
Klarheit				
Farbe				
Geruch				
Durchsichtigkeitsgrad				
Reaktion				
Temperatur: $\frac{Luft}{Wasser}$				

Analyse.	mg im Liter	
Abdampfrückstand		
Glühverlust		**Bakteriologischer Befund.**
Oxydierbarkeit (KMnO₄ verbraucht)		Nach 48ʰ Bebrütung bei 23° C.
Schwefelwasserstoff, Sulfide		entwickelte Kolonien aus 1 ccm
Chlor		Wasser
Stickstoff: 1. Gesamtstickstoff 2. Organischer Stickstoff		
Albuminoid-Ammoniak		
Ammoniak		**Bemerkungen:**
Salpetrige Säure		
Salpetersäure		
Phosphorsäure		
Schwefelsäure		
Organischer Kohlenstoff		
Kohlensäure: 1. freie 2. freie und halbgebund. 3. gebundene		
Kalk		
Magnesia		
Härte		
Eisenoxyd		
Kieselsäure		
Kali und Natron		
Schwermetalle		
Suspendierte Stoffe: 1. organische 2. mineralische		

Tabelle Nr. 5
zur Berechnung des zur Oxydation verbrauchten Kaliumpermanganates.

Beispiel: 15 ccm $^1/_{100}$ Normal-Oxalsäure entsprechen 14,3 ccm Permanganat.

10 ccm Abwasser verbrauchen 5,6 ccm Permanganat.

Nach der senkrechten Spalte unter ›Titer 14,3‹ enthalten 5,0 ccm der Permanganatlösung 1,657 mg $KMnO_4$ und 0,6 ccm $= \dfrac{1,989}{10} = 0,1989$ mg $KMnO_4$.

10 ccm Abwasser verbrauchen mithin 1,657 + 0,1989 = 1,8559 mg $KMnO_4$.

Titer		14,0	14,1	14,2	14,3	14,4	14,5	14,6	14,7	14,8	14,9
Verbrauchte ccm Permanganat	1.	0,339	0,336	0,334	0,331	0,329	0,327	0,325	0,322	0,320	0,318
	2.	0,677	0,672	0,668	0,663	0,658	0,654	0,649	0,645	0,641	0,636
	3.	1,016	1,009	1,001	0,994	0,988	0,981	0,974	0,967	0,961	0,954
	4.	1,354	1,345	1,335	1,326	1,317	1,308	1,299	1,290	1,281	1,272
	5.	1,693	1,681	1,669	1,657	1,646	1,634	1,623	1,612	1,601	1,590
	6.	2,032	2,017	2,003	1,989	1,975	1,961	1,948	1,934	1,922	1,908
	7.	2,370	2,353	2,337	2,320	2,304	2,288	2,273	2,257	2,242	2,227
	8.	2,709	2,690	2,670	2,652	2,634	2,615	2,598	2,579	2,562	2,545
	9.	3,047	3,026	3,004	2,983	2,963	2,942	2,922	2,902	2,883	2,863

Titer		15,0	15,1	15,2	15,3	15,4	15,5	15,6	15,7	15,8	15,9
Verbrauchte ccm Permanganat	1.	0,316	0,314	0,312	0,310	0,308	0,306	0,304	0,302	0,300	0,298
	2.	0,632	0,628	0,624	0,620	0,616	0,612	0,608	0,604	0,600	0,596
	3	0,948	0,942	0,935	0,929	0,923	0,917	0,911	0,906	0,900	0,894
	4.	1,264	1,256	1,247	1,239	1,231	1,223	1,215	1,208	1,200	1,192
	5.	1,580	1,569	1,560	1,549	1,539	1,529	1,519	1,509	1,500	1,490
	6.	1,896	1,883	1,871	1,859	1,847	1,835	1,823	1,811	1,800	1,789
	7.	2,212	2,197	2,183	2,169	2,155	2,141	2,127	2,113	2,100	2,087
	8.	2,528	2,511	2,494	2,478	2,462	2,446	2,430	2,415	2,400	2,385
	9.	2,844	2,825	2,806	2,788	2,770	2,752	2,734	2,717	2,700	2,683

Tabelle Nr. 6
zur Umrechnung von Kaliumpermanganat in Sauerstoff.

$KMnO_4$	1.	2.	3.	4.	5.	6.	7.	8.	9
$= O$	0,253	0,506	0,759	1,012	1,265	1,518	1,771	2,024	2,277

Tabelle Nr. 7

zur Umrechnung von Stickstoff in Ammoniak, salpetrige Säure und Salpetersäure.

Beispiel: Gefunden 5,0 mg N, gesucht die entsprechende N_2O_5-Menge. Die gewünschte Zahl ist in der senkrechten Spalte unter N_2O_5, in der wagerechten Zeile hinter 5 abzulesen = 19,285 mg N_2O_5.

N	$= NH_3$	$= N_2O_3$	$= N_2O_5$
1.	1,214	2,714	3,857
2.	2,429	5,429	7,714
3.	3,643	8,143	11,571
4.	4,857	10,857	15,428
5.	6,071	13,571	19,285
6.	7,286	16,286	23,143
7.	8,500	19,000	27,000
8.	9,714	21,714	30,857
9.	10,929	24,429	34,714

Tabelle Nr. 8

zur Berechnung des Gehaltes an Stickstoff in bekannten Mengen Ammoniak, salpetriger Säure und Salpetersäure.

Beispiel: Gefunden 6,0 mg N_2O_5, gesucht die darin enthaltene Menge N. Die gesuchte Zahl ist in der senkrechten Spalte unter N_2O_5, in der wagerechten Zeile hinter 6 abzulesen = 1,555 mg N.

NH_3 N_2O_3 N_2O_5	NH_3	N_2O_3	N_2O_5
	enthalten N		
1.	0,823	0,368	0,259
2.	1,647	0,737	0,518
3.	2,470	1,105	0,778
4.	3,294	1,474	1,037
5.	4,118	1,842	1,296
6.	4,941	2,210	1,555
7.	5,765	2,579	1,814
8.	6,588	2,947	2,074
9.	7,412	3,316	2,333

Zusammenstellung neuerer Werke aus dem Gebiete der Abwasseruntersuchung.

H. Benedict, Die Abwässer der Fabriken. Sammlung chemischer und chemisch-technischer Vorträge. Stuttgart 1896, F. Enke.

F. W. Büsing, Die Städtereinigung. Stuttgart 1897, A. Bergsträsser.

Dunbar und Thumm, Beitrag zum derzeitigen Stande der Abwasserreinigungsfrage mit besonderer Berücksichtigung der biologischen Reinigungsverfahren. München 1902, R. Oldenbourg.

F. Fischer, Das Wasser, seine Verwendung, Reinigung und Beurteilung. Berlin 1902, J. Springer.

G. J. Fowler, Sewage Works Analyses. London 1902, P. S. King & Son.

Franzius, Frühling, Schlichting, Sonne, Wasserversorgung und Entwässerung der Städte. Leipzig 1893, W. Engelmann.

Kirchner und Blochmann, Die mikroskopische Pflanzenwelt und Tierdes Süfswassers. Hamburg 1891, Gräfe & Sillem.

J. König, Über die Prinzipien und die Grenzen der Reinigung von fauligen und fäulnisfähigen Schmutzwässern. Berlin 1885, J. Springer.

— Untersuchung landwirtschaftlich und gewerblich wichtiger Stoffe. Berlin 1898, P. Parey.

— Die Verunreinigung der Gewässer. Berlin 1899, J. Springer.

H. Leffmann, Examination of water. Philadelphia 1895, P. Blakiston.

G. Lunge, Chemisch-technische Untersuchungs-Methoden. Berlin 1899, J. Springer.

C. Mez, Mikroskopische Wasseranalyse. Berlin 1898, J. Springer.

S. Rideal, Sewage and the bacterial purification of sewage. London 1900, R. Ingram.

Tiemann-Gärtner, Handbuch der Untersuchung und Beurteilung der Wässer. Braunschweig 1895, F. Vieweg & Sohn.

C. Weigelt, Vorschriften für die Entnahme und Untersuchung von Abwässern und Fischwässern. Berlin 1900, Verlag des deutschen Fischereivereins.

Eine grofse Reihe von Arbeiten über die Verunreinigung von öffentlichen Gewässern und über die Reinigung von Abwässern finden sich in den periodischen Zeitschriften:

Arbeiten aus dem Kaiserlichen Gesundheitsamte.

Vierteljahrsschrift für gerichtliche Medizin und öffentliches Sanitätswesen.

Vierteljahrsschrift für öffentliche Gesundheitspflege.

Mitteilungen der Kgl. Prüfungsanstalt für Wasserversorgung und Abwasserbeseitigung.

Berichtigung.

Auf Seite 12 Zeile 12/13 lies statt:

$$15,8 : 15,0 = 3,5 : x \, 0,316$$

$$x = \frac{15,0 \cdot 3,5 \cdot 0,316}{15,8} = 1,05 \text{ mg } K\,Mn\,O_4$$

wie folgt:

$$15,8 : 15,0 = 3,5 : x$$

$$0,316 \, x = \frac{15,0 \cdot 3,5 \cdot 0,316}{15,8} = 1,05 \text{ mg } K\,Mn\,O_4.$$

Snellensche Schriftprobe 1,0

zur Bestimmung des Durchsichtigkeitsgrades

(S. S. 6.)

1,0.

Der Jüngling, wenn Natur und Kunst ihn anzie=
hen, glaubt mit einem lebhaften Streben bald in
das innerste Heiligthum zu bringen. Der Mann
5 4 1 7 8 3 0 9

1,0.

Der Jüngling, wenn Natur und Kunst ihn anzie=
hen, glaubt mit einem lebhaften Streben bald in
das innerste Heiligthum zu bringen. Der Mann
5 4 1 7 8 3 0 9

1,0.

Der Jüngling, wenn Natur und Kunst ihn anzie=
hen, glaubt mit einem lebhaften Streben bald in
das innerste Heiligthum zu bringen. Der Mann
5 4 1 7 8 3 0 9

Snellensche Schriftprobe 1,0

zur Bestimmung des Durchsichtigkeitsgrades

(S. S. 6.)

1,0.

Der Jüngling, wenn Natur und Kunst ihn anzie=
hen, glaubt mit einem lebhaften Streben bald in
das innerste Heiligthum zu dringen. Der Mann

5 4 1 7 8 3 0 9

1,0.

Der Jüngling, wenn Natur und Kunst ihn anzie=
hen, glaubt mit einem lebhaften Streben bald in
das innerste Heiligthum zu dringen. Der Mann

5 4 1 7 8 3 0 9

1,0.

Der Jüngling, wenn Natur und Kunst ihn anzie=
hen, glaubt mit einem lebhaften Streben bald in
das innerste Heiligthum zu dringen. Der Mann

5 4 1 7 8 3 0 9

www.ingramcontent.com/pod-product-compliance
Lightning Source LLC
Chambersburg PA
CBHW081244190326
41458CB00016B/5907

* 9 7 8 3 4 8 6 7 3 1 6 3 7 *